Bibliografische Information der Deutschen Nationalbibliothek:

Die Deutsche Bibliothek verzeichnet diese Publikation in der Deutschen Nationalbibliografie; detaillierte bibliografische Daten sind im Internet über http://dnb.d-nb.de/ abrufbar.

Impressum:

Druck und Bindung: Books on Demand GmbH, Norderstedt Germany
ISBN: 9783668692190

Dieses Buch bei GRIN:

https://www.grin.com/document/423675

Tim Holst

Die Effektivität der Feinstaubfilterung in städtischen Grünzonen

GRIN Verlag

Effektivität der Feinstaubfilterung von Stadtgrün

BACHELORARBEIT

Zur Erlangung des akademischen Grades

Bachelor of Arts (B.A.)

am

Geographischen Institut

der

Fakultät für Geowissenschaften

Ruhr-Universität Bochum

Eingereicht am Lehrstuhl für

Landschaftsökologie und Biogeographi

von: **Holst**, Tim

Bochum, im April 2017

Inhaltsverzeichnis

Abbildungsverzeichnis

Tabellenverzeichnis

Abkürzungsverzeichnis

BImSchG	Bundes-Immissionsschutzgesetz
BImSchV	Bundes-Immissionsschutzverordnung
d_p	Aerodynamischer Durchmesser
IASP	Institut für Agrar- und Stadtökologische Projekte an der Humboldt Universität zu Berlin
LVS	Low-Volume-Sampler, Kleinfiltergerät
Min	Minimum
Max	Maximum
µm	Mikrometer
$µg/m^3$	Mikrogramm pro Kubikmeter
PM	Partikel (Particulate Matter)
PM_{10}	Partikel mit $d_p < 10$ µm
$PM_{2,5}$	Partikel mit $d_p < 2,5$ µm
REM	Rasterelektronenmikroskop
r_s	Spearmanns Rangkorrelationskoeffizient
VOC	volatile organic compounds, flüchtige biogene Kohlenwasserstoffe

1. Einleitung

Im Zuge der globalen Verstädterungsprozesse des 21. Jahrhunderts wird die Diskussion um die Feinstaubbelastung der Luft, ihrer Auswirkungen sowie Einschränkungsmöglichkeiten angesichts der drastisch steigenden Populationszahlen in Stadt- und Ballungsräumen immer polemischer. Das Bevölkerungswachstum einer Stadt korreliert mit der zunehmenden mehrdimensionalen Bedürfnisbefriedigung seiner BewohnerInnen, die durch differente Lebensstiltypen charakterisiert sind, und mit einer erhöhten Nutzung der Wirtschaftssektoren. Dieses kann sich mehr oder minder negativ auf die Umwelt auswirken kann. Aus diesen Gründen und wegen der permanenten Informationsübertragung mittels digitaler Medien ist die Feinstaubproblematik derart präsent wie nie zuvor in den letzten Jahrzehnten. Eines der Beispiele, die diese Präsenz evoziert, ist die Bevölkerung in China, da diese permanent einen Mundschutz trägt, um sich vor der toxikologischen Wirkung zu schützen. Ein europäisches Beispiel stellt Paris dar, dessen Regierung Fahrzeughaltern die Einfahrt in das Zentrum nur noch mit einer Feinstaubplakette erlaubt, um den erhöhten Konzentrationen entgegenzuwirken. Das aktuellste deutsche Beispiel stellt Stuttgart dar. In dieser Stadt herrschen aufgrund der hohen Belastung der Luft mit Partikeln und Stickoxiden regelmäßig Heiz-, Verkehrs- und Durchfahrtsverbote sowie Protestaktionen.

In Deutschland weist die Belastung der Luft mit partikulären Substanzen seit 1990 eine deutliche Abnahme auf, jedoch werden die geltenden Grenzwerte in vielen Städten kontinuierlich überschritten (Umweltbundesamt 2014). Die Emission von Feinstaub ist auf unterschiedliche Quellen zurückzuführen, wobei der prozentuale Anteil menschlicher Aktivitäten deutlich überwiegt (Flohr & Pfanz: 28). Eine mögliche Maßnahme zur Reduzierung des Feinstaubs ist Stadtgrün, das aufgrund seiner Präsenz zahlreiche Wohlfahrtswirkungen ausüben kann. Für Beschäftigte im Bereich der Stadt- und Raumplanung, der Architektur, der Stadt- und Landschaftsökologie, des Garten- und Landschaftsbaus sowie der Bauwerksbegrünung sind Untersuchungen der Vegetationsleistung zur Filterung von Luftschadstoffen dringend erforderlich. Es existieren merklich wenig umfangreiche und vollständige Studien, die Methodik und Ergebnisse vieler verschiedener Pflanzenarten überschaubar und präzise vergegenständlichen.

Ziel der vorliegenden Ausführung ist es, die Effektivität von Stadtgrün im Rahmen einer auswertenden Literaturstudie als differenzierten Lösungsvorschlag für die Bewältigung der Feinstaubbelastung exemplarisch und tabellarisch zu illustrieren. Inwiefern sich die Filterung von Partikeln durch unterschiedliches Grün in der Stadt sowie deren Verbindung gestaltet, sollen zentrale Fragestellungen der vorliegenden Arbeit sein. Ausgehend von diesen Fragestellungen sollen die Effektivität dieser Maßnahme und weiterer Handlungsmöglichkeiten innerhalb der Arbeit illustriert werden.

Um die Größe der Bearbeitung nicht zu gefährden, werden keine Bezüge zwischen den Stadtbäumen als *Services*, die Feinstaub aus der Atmosphäre reduzieren und Pflanzen, die als *disservices* VOC's emittieren, hergestellt, obwohl jene einen interessanten Ansatz darstellen würden. Mit Hilfe einer Bilanzierung von Bindung und eigener Emission könnte die Filterungseffektivität des Stadtgrüns prägnanter bestimmt werden.

Um einen Einblick in die Thematik zu ermöglichen, gliedert sich die Bachelorarbeit wie folgt: Zunächst werden die Rahmenbedingungen des Feinstaubbegriffs erläutert (Kap. 2). Das Kapitel veranschaulicht dessen Definition sowie Entstehung, das Verhalten partikulärer Substanzen, seine gesetzlichen Grundlagen, die aktuelle Situation in Deutschland und die Auswirkungen der Problematik.

In einem nächsten Schritt (Kap. 3) werden sechs Literaturquellen, die sich hinsichtlich ihres Forschungsgegenstandes und -vorgehens (Methodik, Material, Diskussionen bzw. Probleme und Ergebnissen) unterscheiden, thematisiert. Ausgehend von dieser Darstellung sollen die Literaturquellen in einen Kontext eingeordnet werden, um ihre Aussagekraft detailgetreu veranschaulichen zu können. Im Zwischenfazit des gleichen Kapitels wird eine Synthese der wissenschaftlichen Analyse in Form einer tabellarischen Übersicht unter Berücksichtigung aller Ergebnisse vergleichend extrapoliert. Darauf rekurrierend werden die Möglichkeiten und Grenzen sowie bestehende Forschungslücken bezüglich der Feinstaubfilterung durch Vegetation illustriert.

Im weiteren Verlauf wird die Effektivität der Feinstaubfilterung von Stadtgrün mit Maßnahmen unterschiedlicher Bereiche wie z.B. Technik oder Verkehrsoptimierung kontrastiert und verbunden (Kap. 4). Im Fazit werden die zentral herausgestellten Ausführungen wertend und resümierend reflektiert (Kap. 5).

2. Grundlagen der Feinstaubproblematik

2.1 Definition und Entstehung

Um Substanzen in der Atmosphäre zu bezeichnen, existiert eine Vielzahl unterschiedlich akademisch-theoretischer Begriffe, wobei der des *Aerosols* der allgemeinste ist (Langner 2006: 4). Ein *Aerosol* bezeichnet „eine Suspension fester oder flüssiger Partikel in einem Gas" (ebd.: 4). Unter *Staub* wird der feste Anteil des *Aerosols* verstanden (ebd.: 4, zit. nach Bahadir et al. 2000). Trotz der für uns Menschen negativen Eigenschaft, Staub zu enthalten, besitzen Aerosole in der atmosphärischen Zirkulation eine zentrale Bedeutung, auch wenn ihre Funktion innerhalb des Klimas weitgehend unbestimmt ist. Beispielsweise sind sie fähig das Wetter zu beeinflussen, indem sie Strahlung reflektieren oder absorbieren und Kondensationskerne darstellen, die zur Wolken-, Tröpfchen und Eiskristallbildung und somit zur Abkühlung der Luft führen können (Schönwiese 2013: 334).

In der EU-Richtlinie 1999/30/EG des Rates vom 22.04.1999, die die Grenzwerte für Partikel (engl. **P**articulate **M**atter) und weitere Luftschadstoffe fixierte, wurden die Feinstaubfraktionen PM_{10} und $PM_{2.5}$ folgendermaßen definiert: „PM_{10} sind die Partikel, die einen größenselektierenden Lufteinlass passieren, der für einen aerodynamischen Durchmesser von 10 µm eine Abscheidewirksamkeit von 50% aufweist. $PM_{2.5}$ sind die Partikel, die einen größenselektierenden Lufteinlass passieren, der für einen aerodynamischen Durchmesser von 2,5 µm eine Abscheidewirksamkeit von 50 % aufweist“ (EU 1999: 2).

Feinstaub stellt einen Teil des gesamten *Schwebstaubs* dar. Schwebstaub (total suspended particulates, TSP) repräsentiert die Aerosolkomponente der sich in der Luft befindenden Partikel bis zu einem oberen aerodynamischen Durchmesser von circa 130 µm, während *Ultrafeine Partikel* (UFP) Teilchen bezeichnen, die einen aerodynamischen Durchmesser von < 0,1 µm besitzen (Wolf-Benning 2006: 12-13).

Stäube werden *geogen* auf natürliche Weise durch vulkanische Aktivitäten (Eruptionen) oder Prozesse der Ablation – bspw. der Auswehung von Wüstensand (Saharastäube) oder Salzwassertröpfchen aus dem Meer – verursacht. Unter den *biogenen* Stäuben versteht man die Ausscheidung von pflanzlichen Pollen oder fungaler Sporen sowie Bakterien. Die Hauptemission ist anthropogen verursacht, da sich die vielfältige und unterschiedliche Nutzung des Verkehrs, industrieller Anlagen sowie des Hausbrands in den letzten Jahrzenten merklich intensiviert hat (Flohr & Pfanz 2007: 28). Insbesondere der Abgasausstoß von Otto- sowie Dieselmotoren und der Abrieb von Fahrzeugkatalysatoren, Antriebs- und Bremssystemen stellen in städtischen Ballungszentren ein zunehmendes Problem dar (Wolf-Benning 2006: 21-22).

Trotz vorangegangener Schilderung der Quellen ist die Zusammensetzung von Feinstaub sehr inhomogen. Zwischen 20% und 80% der partikulären Substanzen bestehen aus Ammoniumsalzen (überwiegend Ammoniumnitrat, weniger -sulfat), die sich durch den Ausstoß von Ammoniak und Stickoxiden bilden (Frahm 2007: 33). Die $PM_{2,5}$-Fraktion ist ein zentraler Teil von PM_{10}. Sie kann hinsichtlich der Masse und Partikelzahl 80-90% aller Staubpartikel sowie 70-80% von PM_{10} betragen (Gorbachevskaya & Herfort 2012: 27).

Feinstaub kann in primäre und sekundäre Partikel untergliedert werden, wobei *primäre* Partikel unmittelbar an der Quelle freigesetzt werden (Verbrennungsprozessen oder Vulkanausbrüchen). *Sekundäre* Partikel, auch als Akkumulations-Mode-Partikel bezeichnet, entstehen aus Primärpartikeln durch Nukleation oder durch die Verbindung gasförmiger Moleküle (Gas-Partikel-Umwandlung) (Wolf-Benning 2007: 11).

2.2 Verhalten der Partikel in der Luft

Partikel sind kontinuierlichen sowie selbstständig einsetzenden Bildungs-, Entfernungs- und Umwandlungsprozessen ausgesetzt (Kappis et al. 2007: 18). Für die Beseitigung partikulärer Substanzen aus der grenzflächennahen Atmosphäre sind sechs Prozesse wesentlich: Neben *Sedimentation, Diffusion* und *Deposition* sind auch *Auswaschung, Impaktion und Turbulenz* zu nennen (Flohr & Pfanz 2007: 28). An dieser Stelle wird ausschließlich der Vorgang der *Deposition* erläutert, da er für die weitere Ausführung der Arbeit am wichtigsten zu sein scheint. Die *Deposition* bezeichnet den Austrag und die Ablagerung von Partikeln auf den Oberflächen, i.d.S. Blattoberflächen von Pflanzen und wird in *nass, feucht* und *trocken* unterteilt. Die *trockene* Deposition deskribiert die Ablagerung von Stoffen, die durch die Schwerkraft und die Trägheit bzw. Adsorption der Diffusion von Gasen oder Partikeln bedingt ist und ohne Feuchtigkeit bzw. Niederschläge verläuft (Kappis et al. 2007: 19, zit. nach Hainsch 2006).
Unter der *feuchten* oder *okkulten* Deposition, die vor allem für $PM_{2,5}$ relevant ist, wird die Akkumulation von Stoffen durch Nebel, Tau oder durch Wechselwirkungen der Luftinhaltsstoffe mit der von der Pflanze gebildeten Feuchtigkeit verstanden (ebd.: 19, zit. nach Möller 2003), während die Austragungen auf den Blattoberflächen durch Niederschläge wie Regen, Schnee und Hagel die *nasse* Deposition charakterisieren (ebd.: 19 zit. nach Führer 1985).

Für die Reduzierung der Feinstaubpartikel aus der Luft sind die vor Ort herrschenden mikroklimatischen Bedingungen, das artspezifische Staubfangvermögen und die physikochemischen Eigenschaften der Partikel von zentraler Relevanz. Diese Faktoren entscheiden über die Lebensdauer und den Transport in der Atmosphäre (Flohr & Pfanz 2007: 28). Während *feine Partikel* (0,1 µm < $d_p \leq$ 1 µm) Tage bis Wochen in der Atmosphäre schweben und mehrere hunderte bis tausende Kilometer transportiert werden können, verbleibt *Grobstaub* ($d_p >$ 1 µm) lediglich Minuten bis Stunden bei einer Transportrate von einigen 10 Kilometern in der Luft (Wolf-Benning 2007: 25). Dies verdeutlicht die Komplexität der Erfassung partikulärer Substanzen, sodass bei Untersuchungen keinesfalls nur der Messstandort, sondern immer auch der städtische und regionale Hintergrund sowie der Ferntransport berücksichtigt werden muss.

2.3 Gesetzliche Grundlagen in der Europäischen Union und Deutschland

Im Jahr 1974 wurde in der Bundesrepublik Deutschland das BImSchG verabschiedet. Zur Durchführung wurden verschiedene Verordnungen festgelegt, wie z.B. die 22. Verordnung zur Ausführung des BImSchG (22. BImSchV), die die Höchstkonzentrationen diverser Luftschadstoffe kennzeichnet. Die Voraussetzung für die zukünftige Rechtsentwicklung der Luftqualität in der EU wurde durch den Erlass der Rahmenrichtlinie

96/92/EG über *die Beurteilung und Kontrolle der Luftqualität* festgelegt. Anspruch dieser Richtlinie war die Festlegung eines kollektiv akzeptierten Rahmens hinsichtlich Strategien und Maßnahmen zur Reinhaltung der Luft. Beispielsweise sollen unterschiedliche Luftqualitätsziele formuliert und sachdienliche Informationen sowie Methoden und Kriterien über die -verbesserung bereitgestellt werden (Kappis et al. 2007: 36).

Aufgrund der in der Rahmenrichtlinie fehlenden Grenzwerte für verschiedene Luftschadstoffe sind bisher vier Tochterrichtlinien verordnet worden (Langner 2006: 4).[1] Demnach wurden die in der EU-Richtlinie 1999/30/EG angegebenen Grenzkonzentrationen der Stufe 1 für PM_{10} (vgl. Tabelle 1) durch die Novellierung der 22. Verordnung zur Durchführung des Bundesimmissionsschutzgesetzes vom 11.09.2002 in der BRD in national verbindliches Recht überführt (ebd.: 5)[2].

Tab. 1: Grenzkonzentrationen für PM_{10} nach der EU-Richtlinie 1990/30EG (Eigene Darstellung nach EU 1999: 49)

	Mittelungszeitraum	**Immissionsgrenzwerte**	**Zeitpunkt, zu dem der Grenzwert zu erreichen ist**
Stufe 1			
24-Stunden Grenzwert für den Schutz der menschlichen Gesundheit	24 Stunden	50 µg/m³ PM_{10} bei maximal 35 Tagen	1. Januar 2005
Jahresgrenzwert für den Schutz der menschlichen Gesundheit	Kalenderjahr	40 µg/m³ PM_{10}	1. Januar 2005
Stufe 2			
24-Stunden Grenzwert für den Schutz der menschlichen Gesundheit	24 Stunden	50 µg/m³ PM_{10} bei maximal sieben Tagen	01. Januar 2010
Jahresgrenzwert für den Schutz der menschlichen Gesundheit	Kalenderjahr	20 µg/m³ PM_{10}	01. Januar 2010

[1] 1. Richtlinie 1999/30/EG über Grenzwerte für Schwefeldioxid, Stickstoffoxid und Stickstoffoxide, Partikel und Blei in der Luft
2. Richtlinie 2000/69/EG über Grenzwerte für Benzol und Kohlenmonoxid in der Luft
3. Richtlinie 2002/2/EG über den Ozongehalt der Luft
4. Richtlinie 2004/107/EG des Europäischen Parlamentes und des Rates über Arsen, Cadmium, Quecksilber, Nickel und polyzyklische aromatische Kohlenwasserstoffe in der Umgebungsluft.

[2] Inzwischen werden die Richtlinien nicht mehr im oben angegebenen Format angegeben, sondern als EU-Luftqualitätsrichtlinie bezeichnet. Darüber hinaus ist die 22. BImSchV in die 39. BImSchV übergegangen.

Im Jahr 2008 wurde die EU-Luftqualitätsrichtlinie 2008/50/EG publiziert. Diese bestätigt die bereits geltenden Grenzwerte für PM_{10} und andere Luftschadstoffe. Neu ist dagegen die Bestimmung der Höchstkonzentrationen für $PM_{2,5}$ und die Möglichkeit, dass EU-Mitgliedsstaaten ihre befristete Zeit für die Einhaltung der Partikelgrenzwerte verlängern können. Hinsichtlich des Zielwertes sieht die Richtlinie einen Wert von 25 $\mu g/m^3$ als Jahresmittelwert vor, der ab dem 01.01.2010 erreicht sein solle und zugleich als Grenzwert in Stufe 1 ab dem 01.01.2015 einzuhalten sei, während in der zweiten Stufe ein Höchstwert von 20 $\mu g/m^3$, der ab dem 01.01.2020 in Kraft treten soll, vorgeschrieben wird.

Sofern die unter anderem angegebenen Grenzwerte der Feinstaubpartikel an bestimmten Orten überschritten werden, ist der Staat zur Konzeption und Aufstellung von Aktions- und Luftreinhalteplänen gesetzlich verpflichtet (Kappis et al 2007: 36). Nach § 45 Abs. 1 Satz 1 BImSchG liegt die Ergreifung von erforderlichen Maßnahmen zur Senkung der Immissionsgrenzwerte, insbesondere der Aufstellung zuvor erwähnter Maßnahmen, im Zuständigkeitsbereich der Behörden. Obwohl Kommunen für die Aufstellung von Luftreinhalteplänen nicht zuständig sind, sondern vielmehr für die Überwachung und Beschränkung der Emittenten, können sie sich ihrer Verantwortung gegenüber den Bürgern nicht entziehen (Ehlers & Braig 2009: 170). Laut Ehlers & Braig (ebd.: 177) drohe den Staaten bei häufigen Überschreitungen Verurteilungen und bei permanenter Nichteinhaltung der Grenzwerte Bußgelder durch die EU-Kommission.

2.4. Aktuelle Situation in Deutschland

In Deutschland wurde die Messung von PM_{10} in den 1990er Jahren zunächst in vereinzelten Ländermessnetzen und im Jahre 2000 schließlich länderweit durchgeführt. Inzwischen gibt es circa 500 Messstationen, die Feintaubkonzentrationen aufzeichnen. Zu Beginn der 1990er Jahre wurden weitläufige und hohe Werte im Jahresmittel von 50 $\mu g/m^3$ gemessen. Dieser Wert nahm kontinuierlich ab und betrug in den letzten Jahren (2013-2016) um die 20-25 $\mu g/m^3$. Die rasche Abnahme der Partikelbelastung ist für die nahe Zukunft nicht mehr zu erwarten und stellenweise nach wie vor gravierend. In der Vergangenheit traten an lokalen sowie ausschließlich an stark verkehrsexponierten Stationen in Ballungsgebieten Überschreitungen der für das Kalenderjahr festgelegten Höchstkonzentration von 40 $\mu g/m^3$ auf. Seit 2012 konnten keine Überschreitungen des Jahresmittelwertes mehr festgestellt werden, wohingegen sich die Einhaltung der Tagesmittelwerte um ein Vielfaches komplizierter erweist. Die Bundesländer Baden-Württemberg, Nordrhein-Westfalen, Berlin, Sachsen, Bayern und Thüringen sind gegenüber den restlichen Bundesländern durch deutlich höhere Feinstaubkonzentrationen gekennzeichnet (Umweltbundesamt 2016a). Das größte Problemgebiet in

Deutschland stellt Stuttgart dar. Im Jahre 2016 wurde der Tagesgrenzwert von 50 µg/m^3 an der Messstation Am Neckartor an 63 Tagen deutlich überschritten (Die Zeit 2017).

Aktuell sind 100 Aktions- und Luftreinhaltepläne implementiert und Umweltzonen in 52 Städten und Regionen in elf Bundesländern eingerichtet worden (Umweltbundesamt 2016b).

2.5. Auswirkungen der Feinstaubbelastung

Untersuchungen in den letzten Jahrzehnten haben bewiesen, dass erhöhte Feinstaubkonzentrationen eine Zunahme der Mortalitätsrate aufgrund von Herz-Kreislauf-Erkrankungen und Lungenkrebs- sowie weiteren enormen gesundheitlichen Schäden verursachen (Lahl & Steven: 2005: 704).

Bezüglich der humantoxikologischen Wirkungen von Partikeln konnte eruiert werden, dass die Gefahr der gesundheitlichen Belastung mit der Größe der Partikel abnimmt. Je gröber die Partikel sind, desto eher werden sie in den höheren Regionen des Atemtrakts aufgefangen, sodass Partikel über 10 µm kaum den Kehlkopf wegen der Blockade des Nasen-Rachenraums durchqueren können (Lahl & Steven 2005: 708; Koch & Spieth: 2007: 142). PM_{10} gilt als inhalierbarer Staub (thoracic particulates) und kann bis in das Bronchialsystem vordringen und dieses akut schädigen. $PM_{2,5}$ gilt hingegen als alveolengängiger Staub und durchbricht die letzte Verteidigungsbarriere des luftleitenden Systems und ist somit fähig, bis in die Lungenbläschen vorzudringen und Störungen innerhalb der Zellen und Gefäße zu provozieren. Ultrafeiner Staub kann sowohl durch die systematische Zirkulation in das Blut transportiert werden als auch in den Lymphkreislauf des menschlichen Körpers übergehen (Lahl & Steven 2005:708-709; Koch & Spieth: 2007: 143). Nach einem Bericht der europäischen Umweltagentur im Jahre 2016 ist $PM_{2,5}$ jährlich für circa 430.000 (EU) und in Deutschland für 47.000 vorzeitige Todesfälle verantwortlich (Europäische Umweltagentur 2016).

Die Staubaufnahme von Pflanzen kann mit strukturellen Schädigungen unterschiedlicher Art und Weise verbunden sein. Hierbei sind die Farbe des Belages, die Partikelgröße und vor allem die Mächtigkeit der Auflage entscheidend (Flohr & Pfanz 2007: 29). Verschiedene Messungen an *Rhododendron catawbiense* zeigten eine drastische Erhöhung der Adsorption des Infrarots im elektromagnetischen Spektrum sowie eine äußerst geminderte Reflexion und Transmission. Solche Veränderungen wirken sich erwartungsgemäß auf den Gashaushalt der Pflanzen aus und können darüber hinaus einen Hitze- und Transpirationsstress zur Folge haben (ebd.: 29, zit. nach Eller & Brunner 1975). Ein weiteres die Aktivität der Pflanze beeinträchtigendes Kriterium stellt

die Erwärmung bestaubter gegenüber unbestaubten Kontrollblättern dar (ebd.: 29, zit. nach Flückiger et al. 1978).
Zusammenfassend kann gesagt werden, dass die Staubauflage die vorzeitige Alterung bestimmter Pflanzen bewirkt und eventuell zu einer chronischen Vitalitätsbeeinträchtigung der Vegetation führen kann (Kappis et al. 2007: 137).

3. Literaturstudie zur Effektivität der Feinstaubfilterung von Stadtgrün

3.1 Begründung der Auswahl

Die in dieser Arbeit untersuchten Texte sind aufgrund ihres vielfältigen Pflanzenspektrums ausgewählt worden. Die analysierten Exemplare reichen von einem Einzelbaum über Pflanzenkollektive bis hin zu einem urbanen Wald. Bei der Auswahl schien es wichtig, dass Literatur gesichtet und ausgewählt wurde, die zeitlich auseinanderlag. So konnte sichergestellt werden, dass die verschiedenen Werke aufeinander Bezug nehmen und die Technik für bestimmte Methodiken vorhanden war.

3.2 In situ und ex situ Untersuchungen an einzelnen Baumarten und einem Waldgebiet

3.2.1 Langner (2006): Exponierter innerstädtischer Spitzahorn (Acer platanoides) – eine effiziente Senke für PM10?

Die **Zielsetzung** besteht in der Quantifizierung des Staubumsatzes eines exponierten innerstädtischen Spitzahorns (*acer platanoides)* während der Vegetationsperiode und in der Ermöglichung von Aussagen zur Art des deponierten Staubs.
Die **methodische** Vorgehensweise besitzt einen überwiegend empirischen Charakter und findet in Karlsruhe statt (Langner 2006: 2-3). Der circa 9 m hohe Einzelbaum befand sich in der Mitte einer Baumreihe, die aus zehn *Acer platanoides* bestand und parallel zur stark verkehrsbelasteten *Brauerstraße* gelegen war. (ebd.: 12-13). Neben dem Kriterium der hohen Verkehrsfrequenz musste der Untersuchungsstandort das Anbringen eines 60 cm vom Einzelbaum entfernten Messmastes mit jeweils vier 6 m langen Vierkantrohren als Ausleger und dessen statische Absicherung gewährleisten (ebd.: 15).

In den Untersuchungen ist die PM_{10}-Konzentration anhand von LVS gravimetrisch[3] erfasst worden, während die des Grobstaubs mit Haftfolien bestimmt wurde. (ebd.: 28-29). Im Jahr 2001 und 2002 wurden die Messungen der Partikelkonzentrationen innerhalb der Baumkrone und im Kronenumfeld als PM_{10} und als Grobstaub realisiert (ebd.:

[3] Die Gravimetrie stellt eine der genauesten analytischen Methoden dar. Hierbei „wird die Masse eines Reaktionsproduktes verwendet, um den ursprünglichen Gehalt des Analyten (die in einer Probe enthaltenen Stoffe) zu bestimmen." (Harris 2014: 260)

23). Anhand einer Referenzstation, die in 43 m Entfernung westlich zum Fahrbahnrand der Brauerstraße errichtet wurde, konnte die PM_{10}-Konzentration in der Umgebungsluft mit Hilfe eines LVS (1,5 m Höhe) in einem mehrjährigen Zeitraum (2001 bis 2003) gemessen und obendrein die *trockene* und *nasse* Deposition bestimmt werden (ebd.: 2; 19).

Um die PM_{10}-Konzentrationsverteilung innerhalb der Baumkrone bestimmen zu können, maß der LVS die PM_{10}-Konzentration dort an sechs Positionen in einer 5, 65 m hohen horizontalen Ebene. Ein Ausleger befand sich in paralleler Ausrichtung zur Fahrbahn, während der andere senkrecht justiert worden war (Abb. 1) (ebd.: 23).

Zudem wurden im Jahr 2003 an sechs Punkten innerhalb der Baumkrone Vertikalprofile (2 m, 4,5 m und 5,65 m Höhe) in zwei zeitlichen Abläufen analysiert (Abb. 1) (ebd.: 25).

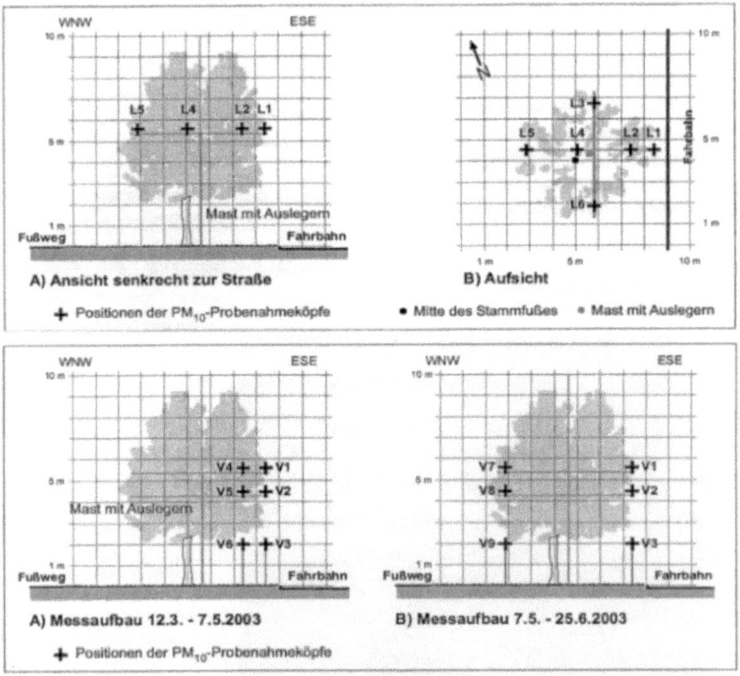

Abb. 1: Positionen der Probenahmeköpfe am Untersuchungsbaum (Langner 2006: 4)

Um die Staubauflage auf den Blättern gravimetrisch bestimmen zu können, wurde ein Abwaschverfahren angewandt, welches die Entnahme eines zufällig ausgewählten Kollektivs inmitten der Baumkrone an mehreren Probenahmepunkten vorsah (ebd.: 29).

Mit Hilfe eines eigenständig entwickelten und hochauflösenden Rastermodells der raumzeitlichen Blattflächenverteilung konnte die Gesamtmasse des auf der Krone abgeschiedenen Staubes ermittelt werden (ebd.: 46).

Um den Staubumsatz qualitativ beschreiben zu können, nahm Langner eine Auflösung in den löslichen Anteil (Differenz zwischen dem Gewicht der Probe und dem Gewicht des (Quarz-) Filterückstandes), den unlöslichen Glührückstand (Gewicht der Probe nach dem Glühen) und den unlöslichen Glühverlust (Differenz der Probemassen vor und nach dem Glühen) vor (ebd.: 36). Zuletzt wurden PM_{10}-, Depositions- und Staubbelagsproben auf die Konzentration von Spurenelementen untersucht, um eine Abschätzung des Anteils von PM_{10} am Gesamtbestand des umgesetzten Staubes zu erhalten (ebd.: 38).

Die Auswertungen der Messungen ergaben folgende **Ergebnisse**: Sowohl innerhalb der Baumkrone als auch innerhalb der Grünfläche konnte eine äußerst homogene Verteilung der PM_{10}-Konzentration nachgewiesen werden. Im Vergleich zur Referenzstation war die Grobstaubkonzentration an der straßennahen Messposition in 2 m Höhe durchschnittlich um das Doppelte erhöht (2001: 32,1 $\mu g/m^3$ gegenüber 13,3 $\mu g/m^3$) (ebd.: 82; 123).
Insgesamt verdeutlichten diese Ergebnisse, dass die Konzentrationsrate von groben Partikeln mit zunehmender Entfernung von der Fahrbahn radikal fällt. Der reduzierte Anteil von *schwarzem* Grobstaub[4] bei größer werdender Entfernung vom Untersuchungsbaum wies ebenfalls auf die Straße als Hauptquelle dieser Fraktion hin (ebd.: 83).

Entgegen der PM_{10}-Fraktion war die Verteilung der Grobstaubpartikel innerhalb der Krone sowie zwischen den einzelnen Messpunkten in der Baumkrone und der Referenzstation durch eine ostensible Heterogenität gekennzeichnet. Während die Konzentrationen der gesamten Grobstaubpartikel an den Messstellen innerhalb der Baumkrone um bis 48% sanken, reduzierten sich die feinen Partikel des Grobstaubs[5] (3-12 µm) um maximal 30%. In einem 5,65 m hohen Profil, das senkrecht zur Fahrbahn platziert wurde, dezimierte sich die Konzentration von PM_{10} nur um 7% (ebd.: 123). Dieser Sachverhalt verdeutlich, dass die Verteilung partikulärer Substanzen neben der Windgeschwindigkeit vor allem durch die Größe beeinflusst wird (ebd.: 96-97).

[4] Schwarzer Grobstaub besteht aus Partikel anthropogenen Ursprungs (Reifenabrieb sowie Rückstände unvollständiger Verbrennung), während sich transparenter vor allem aus transparent organischen (z.B. Mineralkörner) und biogenen Bestandteilen zusammensetzt (Langner 2006: 83).
[5] Der gemessene Grobstaub wurde in fünf unterschiedliche Korngrößenfraktionen (µm) eingeteilt: 3-6, 6-12, 12-24, 24-48 und 48-98.

Auf der Grundlage des im Jahr 2002 entwickelten Rastermodells ist eine maximale Staubauflage von 396 g auf der gesamten Baumkrone berechnet worden. Da die Daten in einem vertikalen Querschnitt durch die Baumkrone zu jedem Zeitpunkt der Probenahme um mehr als 50% divergierten und ergo mit der Grobstaubverteilung korrespondierten, konnte eine präferierte Abscheidung gröberer Partikel auf den Blattoberflächen nachgewiesen werden (ebd.: 123-124). Das Resultat konstatiert, dass PM_{10} evident schlechter abgeschieden werden und folglich kaum zur Masse des deponierten Staubs beitragen (ebd.: 96).

Die Analyse des Trennungsvorgangs hinsichtlich des Staubbelags auf den Blättern sowie der Depositionsproben ergab, dass der Bestandteil des unlöslichen Glührückstandes in der ohne Feuchtigkeit beteiligten Abscheidung – insbesondere unmittelbar am Fahrbahnrand – mit über 50% am signifikantesten war. Daraus lässt sich eine bereits in geringer Entfernung zur Fahrbahn einsetzte Sedimentation gröberer kohlenstoffhaltiger Partikel in Form von *trockener* Deposition ableiten (ebd.: 124).

Zur Bearbeitung der letzten methodischen Vorgehensweise wurden die Elemente Pb und V herangezogen. Diese liegen als relative konstante Bestandteile in der PM_{10}-Fraktion und im Staubbelag vor. Aus den geringen Konzentrationsabweichungen im PM_{10} innerhalb der Krone und an der Referenzstation sowie ihrer verhältnismäßigen Anreicherung in der *nassen* Deposition wird erkennbar, dass Pb und V hauptsächlich als feinere Komponenten im PM_{10} assoziiert sind. Die im PM_{10}, in der Staubauflage und in der Deposition ermittelte Struktur dieser Elemente ermöglicht keine eindeutige Berechnung des Anteils von PM_{10} an der umgesetzten Staubmasse, allerdings kann ein Größenbereich von 10 bis 20% als stichhaltig angenommen werden (ebd.: 124). Folglich betrug die maximale Belegung der Krone im Jahr 2002 mit PM_{10} 80 g (ebd.: 115).

Diese Werte können zu den in Abhängigkeit von der Fahrbahnbeschaffenheit und der Fahrzeugart emittierten PM_{10}-Massen in Relation gesetzt werden. Ausgehend von einem vereinfachten Emissionsfaktor[6] von 100 $mg \cdot km^{-1} \cdot Kfz^{-1}$ sowie einem Verkehrsaufkommen von täglichen 15.000 Kfz pro Fahrtrichtung werden am Untersuchungsstandort pro Tag und Kilometer 1,5 kg PM_{10} ausgestoßen. Die Bäume der aus zehn *acer platanoides* bestehenden Baumreihe befinden sich in einem mittleren Abstand von 11 m zueinander. Dementsprechend entfällt auf diese Strecke ein täglicher PM_{10}-Wert von 16,5 g. Ein angenommener 30-wöchiger Zeitraum der Belaubung ergibt für den vom Baum flankierten Straßenabschnitt ein PM_{10}-Eintrag von 3.465 g, der zu maximal 11,5% in der Baumkrone zurückgehalten wird. Im Jahr 2003 waren direkt am Fahrbahnrand gemessene PM_{10}-Konzentrationen gegenüber der Referenzstation im äu-

[6] Im Mittel beträgt die Spannweite von Emissionsfaktoren zwischen 71 und 271 $mg \cdot km^{-1} \cdot Kfz^{-1}$. Ein Wert von 660 $mg \cdot km^{-1} \cdot Kfz^{-1}$ stellt ein Extremum dar (Langner 2006: 125).

ßersten Fall um 40% erhöht, was zugleich als maximaler Größenfaktor der auf dem Kfz-Verkehr basierenden Konzentrationssteigerung von PM_{10} am Standort des untersuchten Baumes behandelt werden kann. Sofern dieser Befund mit einbezogen wird, reduziert sich das tatsächliche Feinstaubbindungsvermögen des Einzelbaumes auf < 5% (ebd.: 125).

Die geringe Filterleistung eines Einzelbaums bedarf einer kritischen **Diskussion**. Die im Jahr 2002 berechnete maximale Staubauflage von 396 g auf der gesamten Krone in der Vegetationsperiode ist eher kritisch zu betrachten, da sie unter Bezugnahme der durch den Mehltaubefall erhöhten Werte nicht den Normalfall der umgesetzten Staubauflage darstellt. Unter gewöhnlichen Bedingungen wird die Staubauflage einen Wert 100 g nicht überschreiten (ebd.: 91). Dieser Wert ist gemäß der Berechnung von Nowak et al. 2002 sowie einer niederländischen Expertengruppe (Wesseling et al. 2004) als repräsentativ einzustufen (Kappis et al. 2007: 117). Grundsätzlich ist die geringe Feinstaubaufnahme des untersuchten *acer platanoides* deutlich mit dem hohen $PM_{2,5}$-Anteil in der PM_{10}-Fraktion verknüpft (Langner 2006: 125).

Hinsichtlich der Depositionsrate feinerer Partikel, insbesondere $PM_{2,5}$, die über weite Strecken transportiert werden und viele mit Vegetation besetzte Räume durchqueren, bestehen weiterhin Forschungslücken. Demnach bietet die Messung des Umsatzes angemessener Elemente wie V und Pb auf Bäumen innerhalb größerer Grünflächen eine Perspektive des großflächigen Nachweises von Filtereffekten, zu der auch verschiedene Baumarten herangezogen werden könnten.
Einen weiteren interessanten Ansatz würde die Untersuchung der strömungsmodifizierenden Wirkung der Belaubung darstellen. Mit Hilfe der Gegenüberstellung einer Ausbreitungsmodellierung (voll belaubte Vegetation und unbelaubter Vergleichszustand) unter gleichbleibenden Eingangsparametern könnte die Filterleistung einer gesamten Grünfläche abgeschätzt werden (ebd.: 122).

Langner (ebd.: 125-126) konstatiert, dass straßenbegleitende Bäume nicht fähig sind, die vom Straßenverkehr emittierten PM_{10} in nennenswertem Umfang zu vermindern. Allerdings können feinere Partikel durch die erhöhte Transportrate sowie durch die homogene Verteilung in der Atmosphäre auch auf Bäumen an nicht exponierten Standorten abgeschieden werden. Es ist zu vermuten, dass Bäume, die sich innerhalb innerstädtischer Grünflächen und Parkanlagen befinden, eine dem Untersuchungsbaum vergleichbare Filterleistung aufweisen. Diese würde für jeden Einzelbaum betrachtet gering ausfallen, jedoch könnten größere Baumbestände in der Summe eine umfangreiche Filterung von Partikeln zur Verbesserung der Luftqualität bewirken (ebd.: 125-126).

3.2.2. Alfani et al. (1996): Leaf contamination by atmospehric pollutants as assessed by elemental analysis of leaf Tissue, leaf surface deposit and soil

3.2.2.1 Material und Methodik

Die vorliegende Studie wurde im Jahr 1995 von Alfani et al. am Institut für Pflanzenbiologie der *Universität Neapel Federico II* erarbeitet. In dieser stellen die Beurteilung des dimorphen Aufnahmeweges in Straßenbäumen bezüglich verschiedener Luftschadstoffe und Untersuchungen zur differenziellen Verfügbarkeit von Nährstoffen und Schwermetallen im Boden den Endzweck dieses Berichts dar (Alfani et al. 1996: 243). Hierbei wurde die Konzentration von Stickstoff, Schwefel sowie die der Schwermetalle *Pb, Cu* und *Fe* auf den Blattoberflächen und im Blattgewebe einer immergrünen, mediterranen Stieleiche (*Quercus ilex*) sowie im Stamm umgebenden Boden gemessen. Jeweils zwei der insgesamt in einem urbanen Gebiet in Neapel untersuchten Standpunkte befanden sich in einem Park (CE, OB) sowie einem quadratischen (öffentlichen) Platz (PC, PT), die übrigen vier an einer stark befahrenen Straße (CC, VC, VM, ST).

Im Januar 1993 wurden an allen Untersuchungsorten innerhalb des unteren Laubwerks von zwei oder drei mindestens 50 Jahre alten Bäumen sechs Äste des letzten Jahrgangs entnommen. Für jeden Standort sind zwei vergleichbare Proben von 30 Blättern ausgewählt worden, indem zwei Blätter, die anliegend und in gutem Zustand vorlagen, von den gesammelten Ästen genommen wurden. Ebenfalls wurden an den Orten der Blattprobenahmen im Mai 1993 sowie im Januar 1994 jeweils drei Proben im Oberflächenhorizont des Stammbodens entnommen (ebd.: 244).

3.2.2.1 Ergebnisse

Die folgende Tabelle zeigt den Konzentrationsbereich der jeweiligen Inhalte, die an den acht Untersuchungsstandorten ermittelt wurden. Alle Angaben liegen in $\mu g\ g^{-1}$ vor.

Tab. 2: Aufnahmekapazität von Quercus ilex sowie dem umgebenden Boden (Alfani et al. 1995: 244-246)

Untersuchungsgegenstand / Element	Deposition auf der Blattoberfläche	Blattgewebe	Boden
S	0,1-0,9	1,1-1,5	0,5-1,1
N	n. n.	16-21	2,1-7,2
Cu	1-80	7-31	13,8-66,5
Fe	14-1459	197-914	58-243
Pb	2-21	1-24	11,3-46,3

Die Konzentration von **S** war im Blattgewebe signifikant höher als in der Deposition, wobei keine Korrelation berechnet werden konnte. Die im Boden festgestellten absoluten Gesamtkonzentrationen zeigten ebenfalls keine Wechselseitigkeit mit den entsprechenden Konzentrationen in den Blättern. Zudem ermittelten Alfani et al. einen in einem Bereich von 1,8-8,5% variierenden organischen Kohlenstoffanteil. Böden, die durch einen hohen Grad an organischem Material gekennzeichnet waren (CE, CC), wiesen im Gegensatz zu ärmeren (PT, PC, ST) eine höhere Konzentration von **N** und S auf.
Letztere waren sowohl innerhalb des Bodens miteinander als auch mit dem organischen Kohlenstoffgehalt positiv korreliert (ebd.: 244-245). Mit Ausnahme der Blattproben, die an den Standorten VM und ST gesammelt wurden, war die Konzentration von **Cu** im Blattgewebe dauerhaft höher als in der Deposition und auch die höchste dieser Standorte. An dieser Stelle konnte eine signifikante Korrelation (r_s = 0,857) berechnet werden. Demgegenüber konnte keine Gegenseitigkeit der Cu-Gehalte mit den jeweiligen im Boden und im Blattgewebe bestimmt werden.

Wegen der relativ gleichmäßigen **Fe**-gehalte fielen Unterschiede in der Deposition und im Blattgewebe nur teilweise wesentlich aus. Ebenso wie bei N und S korrelierten die Werte dieses untersuchten Elements nicht mit den entsprechenden Konzentrationen in der Blattdeposition und dem -gewebe. Die höchsten Fe-Konzentrationen wurden in Blättern von Bäumen gefunden, die sich entlang Verkehrsstraße befanden (ebd.: 245). Die in der Deposition ermittelten **Pb**-Werte waren höher als die im Blattgewebe, obgleich enorme Unterschiede in nur einigen Proben gefunden wurden. Weiterhin entdeckten Alfani et al. eine positiv und signifikante Korrelation (r_s = 0,929) mit den Pb-Werten in der Deposition und im Blattgewebe. Die in den Blatt- und Bodenproben am höchsten ermittelten Bleiwerte entstammen dem stark belasteten Standort ST (ebd.: 246).

3.2.2.3 Diskussion

Die fehlende Korrelation der N- und S-Gehalte mit dem Boden und dem Blattgewebe deutet stark daraufhin, dass die Blattoberflächenaufnahme aus der Luft neben dem Wurzelsystem eine zentrale Quelle für diese Elemente in *Quercus ilex* darstellt. Die hohen Gehalte an N und S in den Blättern, die an Standorten mit Böden, welche durch geringe Konzentrationen derselben gekennzeichnet waren, nachgewiesen wurden, wiesen in Übereinstimmung mit Cadle et al. (1991) vermutlich auf einen Transfer von N- und S-Gehalten aus der Blattoberflächenablagerung in das darunterliegende Blattgewebe und/oder auf eine transkutikuläre und stomatäre Aufnahme von luftgebundenen Schwefel- und Stickoxiden hin.

Diese Hypothese kongruiert mit früheren Beobachtungen zu *abies alba*, welche zeigen, dass der N-Gehalt in den Nadeln dieser aus Neapel gesammelten Pflanze mit höherem Lebensalter steigt, während der Bestand in Pflanzen aus entfernteren Standorten trotz höherer N-Konzentrationen im Boden unverändert bleibt. In den Prozessen der Schwermetallanreicherung sind die der Achsen abgewandten Oberfläche von *Quercus ilex* anliegenden sternförmigen Trichome von zentraler Relevanz, da sie die Oberfläche erhöhen und somit zu einer erhöhten Abscheidung beitragen.

Den Straßenstandorten entnommenen Bodenproben zeigten höhere Konzentrationen des absoluten Cu- sowie Pb-Gehalts. Die Bodenkonzentration von Fe war im Gegensatz zu der Blatt- zehnfach niedriger, während sich Cu- und Pb-Gehalte im Boden im annähernd gleichen Konzentrationsbereich wie die Blätter befanden. Ausgenommen der am meisten kontaminierten Standorte waren die zuletzt genannten Elemente im Blattgewebe höher als in der Deposition. Diese ermittelten Werte suggerieren einen Transfer der Elemente aus der Blattauflage in das Gewebe. Die direkte Blattaufnahme ist für Fe unter Berücksichtigung dessen geringen Verfügbarkeit im Boden besonders zentral.
Die insgesamt gleichmäßige Anreicherung von Pb in der Oberflächenablagerung und im Blattgewebe ist auf passive Diffusionsmechanismen von ersterem zu letzterem zurückzuführen. Aufgrund einer sehr geringen Kapazität zur Wurzelaufnahme von Pb ist die Translokation von den Wurzeln zu den Blättern eher auszuschließen.

Die Autoren stellen fest, dass sich die Schadstoffaufnahme aus der Luft überwiegend durch die Blattoberfläche gestaltet und diese die elementare Blattzusammensetzung stark beeinflusst. Dies resultiert aus denen der begrenzten Konzentration von N, S und Fe im Boden entgegengesetzten hohen Werten in den Blättern von *Quercus ilex*. Eine noch empirisch zu untersuchende Frage ist die auf den aktiven oder passiven Mechanismen beruhende Aufnahme. Ebenso wenig wie der zuvor angesprochene Sachverhalt konnte auch kein relativer Beitrag zur Blatt- und Wurzelaufnahme festgelegt werden. Zusammenfassend lässt sich sagen, dass die vorliegende Studie durch die Berücksichtigung der Bodenkonzentrationen und den damit verbundenen Austauschprozessen eine neue zentrale Komponente hinzufügt.

Es wurde deutlich, dass die untersuchten *Quercus ilex* Exemplare trotz der gering angereicherten Mengen an partikulären Substanzen ein Potenzial zum Bindungsvermögen besitzen. Dieses müsste jedoch in weiteren Untersuchungen und vor allem hinsichtlich der Einteilung von Fraktionen exakter quantifiziert werden (ebd.: 247).

3.2.3 Beckett et al. (2000): The capture of particulate pollution by trees at five contrasting urban sites

Die **Zielsetzung** besteht in der Herstellung eines differenzierten Verständnisses über den städtischen Wert der Bäume bezüglich der Filterung von Partikeln sowie der Faktoren, die die Effizienz der Deposition beeinflussen (Beckett et al. 2000: 209). Tabelle drei beschreibt die Merkmale der Untersuchungsstandorte. In Klammern ist die Höhe der Bäume in *m* angegeben.

Tab. 3: Charakteristika der untersuchten Standorte (Beckett et al. 2000: 212-213)

Standort	The Level, Brighton	Preston Park, Brighton	Falmer, East Sussex	Portman Square, London	Rough Wood, Walsall
Ort	Parkanlage	Parkanlage	Nahe der Universität	Square	Eichen-Waldgebiet
Fläche	2 ha	10 ha	/	0,5 ha	28 ha
Untersuchte Baumart	*Platanus x hispanica muenchh* (8 und 8,5) und *Tilia x europaea* (6,5)	*Ulmus procera Salis* (20 und 21) und *T. x europaea* (12)	*Fraxinus excelsior* (21), *Acer platanoides* (12) und *Prunus avium* (13)	*P. x hispanica* (25, 19,5 und 18)	*Quercus robur*
Umgebung	Verkehrsreiche Straße sowie stark befahrene Buslinie	Hauptstraße (hoher Pendler-und ÖPNV-Verkehr)	Hauptstraße (A 27) entlang des Campus	Hohe Verkehrsdichte mit Diesel-Kfz, (ÖPNV)	Autobahn, Industrie und Müllverbrennungsanlange

Die **methodische Vorgehensweise** und die verwendeten **Materialen** von Beckett et al. gestalten sich folgendermaßen: Zu Beginn des Oktobers im Jahre 1996 wurde jeder untersuchten Art innerhalb einer sieben Tage andauernden Periode – entsprechend ihrer unterschiedlichen Blattgrößen – die gleiche Anzahl von Blättern entfernt.

Die Blattfläche jedes Baumes wurde mit Hilfe des Gerätes *LAI-2000 Plant Canopy Analizers* ermittelt. Da die Partikel von den ad- und abaxialen Blattoberflächen gewaschen wurden und das LAI-2000 die Fläche von nur einem Blatt ermittelte, wurden die Ergebnisse mit zwei multipliziert, um somit für jeden Baum eine Gesamtfläche angeben zu können. Indem ein Umriss der Krone jedes Baumes auf einem Acetat-Blatt gezeichnet und anschließend der Größe nach angepasst wurde, konnte das Volumen der Baumkrone ermittelt werden. Danach sind einzelne artspezifische Werte der Gesamtblattfläche mit der Partikelbelastung pro gewaschenem Blattbereich multipliziert worden, um einen Wert von aufgenommenen Partikeln pro Baum zu ermitteln. Hierbei

wurde gleichzeitig auch die Gesamtaufnahme der Partikelbelastung pro Flächeneinheit berechnet.
Der Partikelumsatz wurde mit Hilfe gravimetrischer Verfahren bestimmt. Nach mehreren Spülvorgängen der Blattproben sind die hervorgegangenen Lösungen durch vorgewogene Cellulosenitrat-Filter gesondert worden. Nach der Trocknung und erneuter Wägung konnte die Masse der Deposition auf den Filtern bestimmt werden (ebd.: 212-213).

Nachfolgend erfolgte eine morphologische Analyse, die die möglichen Quellen der gebundenen Partikel ermitteln sollte. Hierzu fand eine visuelle Beurteilung von partikulären Substanzen mittels REM sowie deren Klassifizierung mit unterschiedlichen Zeichen statt (ebd.: 214). Des Weiteren sind sechs kleine Abschnitte verwendeten Filter ausgeschnitten und auf die prozentuale Elementzusammensetzung hin untersucht worden (ebd.: 215-216).

Folgende **Ergebnisse** wurden durch die Untersuchungen erzielt: Die Gewichte der Partikel pro Blattfläche sind sehr niedrig ausgefallen. Eine ausgereifte Eiche im *Rough Wood* wies einen Wert von 43 mg m^{-2} auf, während das Extremum von einem jungen Exemplar der gleichen Gattung in der Nähe eines Lagerfeuers in Walsall mit 993 mg m^{-2} aufgezeigt worden ist. Die nächstgrößeren Gewichte wurden in *The Level* bei *Tilia x. europaea* (488 mg m^{-2}) sowie den Ulmen (475 mg m^{-2}) im Preston Park festgestellt (ebd.: 217).

Die morphologische Analyse zeigte, dass an den Sussex Standorten (*The Level, Falmer* und *Preston Park*) mehr natürliche als anthropogen verursachte Partikel abgeschieden wurden. In London und Walsall wurde eine homogene Abscheidung beider Partikelgruppen festgestellt. An allen Standorten waren die dominanten, anthropogen, und emittierten Partikel mit den Klassen *B* (Agglomerate) und *I* >2,5 µm (vermutlich anorganisch, formlos) versehen, während die dominanten natürlichen Partikel bei Walsall als *I <2,5 µm* und an den verbleibenden Standorten als *D* (Samen, Sporen, Bakterien) klassifiziert wurden. Der mittlere Durchmesser der Partikel betrug deutlich unter 10 µm (ebd.: 220).

Trotz standortspezifischer Unterschiede wurde Silizium als dominierendes Element der gewonnenen Partikelmasse festgestellt, wobei Aluminium, Phosphor, Kalium und Schwefel auch als Hauptbestandteile angesehen werden können. Natrium, Magnesium, Chlor, Nickel, Zink und Kupfer waren gleichmäßig niedrig ausgeprägt. Die relativ hohen Mengen an Phosphor und Schwefel deuten auf anthropogene Verbrennungsquellen hin (ebd.: 224).

Im Folgenden werden die zentralen Ergebnisse **diskutiert**, um eine sachgetreue Einordnung erzielen zu können. Eine Analyse des Schadstoffkonzentrationsmusters in städtischen Gebieten erweist sich als hochkomplex und ist höchstwahrscheinlich auf ortsspezifische Variablen zurückzuführen. Signifikante Artenunterschiede insbesondere der Blattoberflächenstruktur (Bsp. Blattadern und Trichome) sowie der strukturellen Komplexität von Blättern und Zweigen in der Schadstofferfassungseffizienz sind der Grund für das variierende Staubfangvermögen. Die Studie verdeutlichte einerseits, dass größere und ausgereifte Bäume mit größeren Blattoberflächen trotz geringerer Kronendichte mehr PM_{10} als kleinere aufnehmen können. Anderseits wurde evident, dass jüngere, mittelgroße Bäume aufgrund ihrer relativ hohen Kronendichte ebenfalls über ein gutes Staubfangvermögen verfügen. Am Standort *The Level* wies *Tilia x. europaea* mit einem Wert von 166 g gegenüber den Platanen mit 42 g und 44 g das größere Feinstaubbindungsvermögen auf (ebd.: 222). Dieses Resultat ist auf die Fülle an Blatthaaren (Rauigkeit) auf der abaxialen Oberfläche sowie der Klebrigkeit der Blätter wegen Honigtauausbildungen zurückzuführen (ebd.: 220; 223). Die größten Partikelmengen wurden auf zwei mächtigen und ausgereiften Platanen in London gefunden (1341 g und 2936 g) (ebd.: 217).

Das relativ kleine städtische Waldgebiet in Walsall verfügt über das Potenzial, fast eine halbe Tonne Schadstoffpartikel aus der örtlichen Atmosphäre zu entfernen (353 kg = absolutes Gewicht). Da keine Aussagen über die Deposition aus den ermittelten Daten gewonnen werden konnte, kann die Rate der Aufnahme solcher Partikel und die Gesamtpartikelbelastung pro Jahr nicht berechnet werden. Allerdings deuten zahlreiche Hinweise darauf hin, dass eine signifikante Reinigung von Blattoberflächen bei schweren oder längeren Regenfällen auftritt. Dies bedeutet, dass der Nutzen für die lokale Luftqualität dieses Waldes viel größer sein könnte als erwartet (ebd.: 224-225).
Beckett et al. bewiesen, dass Pflanzen als biologische Filter fungieren können. (ebd.: 225). Die Analyse eines urbanen Waldgebiets stellt innerhalb der vor Studie einen neuen Untersuchungspunkt dar und illustrierte ein hohes Potenzial zur Schadstoffbindung.
Untersuchungen solcher größeren Gebiete, in denen andere klimatische Bedingungen herrschen, sind äußerst elementar, um die Feinstaubbelastung effektiv nachweisen zu können. Die Untersuchungen zu Bäumen verschiedener Altersklassen gewährleisten Ansätze bezüglich der Raumgestaltung mit Vegetation, die vorher eventuell unklar schienen. Junge, noch nicht vollständig ausgereifte Bäume verfügen ebenfalls über ein positives Bindungsvermögen, sodass eine Kombination beider Typen möglich wäre. An dieser Stelle und bei Untersuchungen von Exemplaren innerhalb der gleichen Art müssten detailliertere Analysen durchgeführt werden, die die Bedingungen für eine

erhöhte Schadstoffeffizienz aufzeichnen. Folglich könnte ein besseres Verständnis über artspezifische Bindungseigenschaften ermöglicht werden.

3.3 Ex situ Untersuchungen an verschiedenen Pflanzenarten

3.3.1 Flohr, S. (2010): Untersuchungen zum Fangvermögen von Mittel- und Feinstaub (PM10 und PM2.5) an ausgesuchten Pflanzenarten unter Berücksichtigung der morphologischen Beschaffenheit der Blatt und Achsenoberflächen und der Einwirkung von Staubauflagen auf die Lichtreaktion der Photosynthese

In der im Jahre Dissertation von Flohr wurde das artspezifische Staubfangvermögen pflanzlicher Oberflächen in Abhängigkeit verschiedener Parameter quantifiziert.
Die zur Umsetzung benötigten **Materialen** und angewandten **Methodiken** sind folgende: Einerseits wurde Feinstaub geogener (Fimonit) und anderseits Mittelstaub biogener Herkunft (Sporen des Keulenbärlapps) eingesetzt. Bei der Anwendung dieser Stäube berief sich Flohr auf die Einteilung der Größenfraktionen nach Lahmann 1990. Die Partikel geogenen Ursprungs gehören zum größten Teil zu den Feinstäuben (0,5-10 µm), wobei zu 28% auch gröbere Partikel (20-250 µm) enthalten waren. Die überaus hydrophoben Sporen von *Lycopodium clavatum* wiesen eine kugelige Gestalt auf und besaßen einen Durchmesser von circa 30 µm, wodurch sie nach Lahmann als Mittelstäube (10-50 µm) einzustufen waren (ebd.: 24).

Um das Kriterium der Repräsentativität zu erfüllen, wurde ein möglichst breites Spektrum sommer- und immergrüner Arten abgedeckt. Zudem wurden typische Zimmer- und Zierpflanzen zur Analyse der Schadstoffbindung in Innenräumen herangezogen. Die Standorte der Probenahme befanden sich vermehrt am Campus in Essen sowie seinem näheren Umfeld (ebd.: 30). Zusätzlich wurden ausgewählten Individuen Äste und Zweige verschiedener Jahrgänge aus dem äußersten Kronenrandbereich entnommen, um sie auf ihr $PM_{2,5}$-Bindungsvermögen zu untersuchen.

Je nach Art wurden 25 Blattproben von meist fünf unterschiedlichen Individuen und Standorten entnommen (ebd.: 32). In relativer Betrachtungsweise kam das mehrmalige und mit Druck angewandte Abklopfen der Blätter einer starken Windböe gleich. Dies wurde durchgeführt, um sowohl die natürliche Retention der Sporen als auch die des Feinstaubs unter witterungsbedingten Einflüssen zu untersuchen (ebd.: 33).
Im weiteren Vorgang wurde der Mittel- und Feinstaubauftrag (PM_{10}) anhand der Gravimetrie über Frischgewichte unbestaubter und bestaubter Blattproben ermittelt. Hierbei wurde durch eine präzise Bestaubung von nur einer Blattseite auch die Berechnung des Staubbindungsvermögens gesondert nach Blattober- und -unterseite ermöglicht (ebd.: 2). Zudem wurden Analysen zur Bestimmung einer potenziellen Korrelation zwi-

schen der Taxonomie der Arten und dem Staubfangvermögen durchgeführt. Danach wurde eine turbidimetrische Trübungsmessung mittels eines Spektrophotometers zur Ermittlung der maximalen Feinstaubauflage ($PM_{2,5}$) auf den Blättern angewandt.
Außerdem erlaubt diese Anwendung die Untersuchung dreidimensionaler Pflanzenorgane wie z.B. Äste oder Zweige (ebd.: 35-36).
Den zuletzt aufwändig angewandten Untersuchungsschritt stellte spektroradiometrische Messung der Transmission dar. In diesem Ansatz steht die Berechnung der potenziell beeinträchtigenden Wirkung einer synthetisch auf den Blättern angebrachten Stabauflage und die Analyse der Blattober- und Blattunterseiten verschiedener Pflanzenarten bezüglich ihrer spektralen und optischen Eigenschaften im Vordergrund (ebd.: 47).

Der Großteil der hervorgebrachten **Ergebnisse** zum Mittel- und Feinstaubbindungsvermögen (PM_{10} und $PM_{2,5}$) unterschiedlicher Pflanzenarten war auf die Beschaffenheit der Blattoberfläche zurückzuführen. Neben dem Relief, der Rauigkeit und der Nervatur war vor allem die Blattbehaarung für die Abscheidung grundlegend gewesen (ebd.: 46).
Mit Hilfe eines Vergleiches des gemessenen Staubauftrags mit der Behaarung wird ein signifikanter Zusammenhang zwischen starker Behaarung und hohen Staubmengen unabhängig von der Kornfraktion deutlich (bsp. *Viburnum rhytidophyllum*), während die geringste Staubauflage bei überwiegend unbehaarten Arten festzustellen war (Bsp. *Clematis vitalba*) (ebd.: 133). Die durch ein höheres Staubfangvermögen charakterisierten Arten wiesen Bündel-, Einfach- und Köpfchenhaare auf, obwohl weniger die Behaarungsart sowie die Haarlänge entscheidend war, sondern vielmehr die Behaarungsdichte (ebd.: 147). Durch eine dichte, filzige Behaarung wird die Rauigkeit sowie die Unebenheit der Blattfläche und dementsprechend die Benetzbarkeit bzw. die Haftung der Partikel verstärkt (ebd.: 60).

Hinsichtlich des flächenbezogenen Mittelstaubfangvermögens zeigten die 16 untersuchten Arten eine große Variabilität. Das höchste mittlere Fangvermögen biogener Stäube (30 µm) wiesen *Viburnum rhytidophyllum* und *Sorbus intermedia* mit einem Wert über 1 mg/cm^2 auf (ebd.: 46). Die niedrigsten Werte zeigten *Sambucus nigra* (0,13 mg/cm^2) und *Fagus sylvatica* (0,09 mg/cm^2).
Die morphologische Gegenüberstellung der adulten Blätter von *Viburnum rhytidophyllum* und derer von *Fagus sylvatica* demonstrierte, dass die Blattunterfläche der ersten Pflanze rau strukturiert und stark mit Bündelhaaren versehen war. Eines dieser Bündel setzte sich aus 20-40 Einzelhaaren zusammen und bildete somit einen dichten, filzigen Belag, in dem Stäube verstärkt gebunden werden konnten. Die Blätter der Rot-

buche waren im juvenilen Stadium durch eine eng beieinanderliegende Schutzbehaarung mit äußerst langen Haaren gekennzeichnet. Diese entschwand allerdings im Zuge der Maturation. Infolgedessen erwies sich die Morphologie der recht großen, biogenen Sporen, welche zu einer bevorzugten Ablagerung auf rauen Oberflächen und in tieferen Bereichen der Haarzwischenräume führte, als zusätzlich beeinträchtigend (ebd.: 47).

Zudem kann die Akkumulation von Stäuben durch Oberflächenladungen und potenziell vorkommenden Drüsenhaaren, die klebrige Substanzen abgeben, verstärkt werden. Die auf den Blattoberflächen von *Quercus robur* gefundenen Staubmengen von 12,83 mg/cm^2 bestätigen diesen Sachverhalt. Die erhöhte Deposition ist auf Honigtauauflagerungen, die sehr stark an den Blattflächen kleben und Schmutzpartikel einschließen, zurückzuführen. Ohne diese abgesonderte Substanz durchgeführte Messungen illustrierten eine geringere Ablagerung von Mittelstaub (0,29 mg/cm^2) auf den Blattoberflächen von *Quercus robur* (ebd.: 46).

Um das Bindungsvermögen pflanzlicher Oberflächen hinsichtlich der Fraktionen PM_{10} und $PM_{2,5}$ zu quantifizieren, wurden insgesamt 82 Arten untersucht (ebd.: 56). Von diesen besaßen 22 (15%) einen Staubauftrag, der für beide Fraktionen über 1 mg/cm^2 lag, was einem guten Fangvermögen *feinerer* Partikel entsprach (ebd.: 147).
Viburnum rhytidophyllum stach mit einem Staubfangvermögen von 9,76 ± 2,57 mg/cm^2 für PM_{10} und 7,65 ± 2,12 mg/cm^2 für $PM_{2,5}$ deutlich hervor.
Weitere zur Bindung feinerer Stäube geeignete Arten sind *Lagrus ovatus, Ribes sanguineum* und *Sorbus intermedia*. Die Werte dieser Pflanzen lagen zwischen 2,3 und 3,9 mg/cm^2 für PM10 und zwischen 1 und 2,1 mg/cm^2 für $PM_{2.5}$ (ebd.: 65). Blattstrukturen ohne umfangreiche Behaarung wie sie bei *Clematis vitalba, Carpinus betulus* und *Parthenocissus tricuspidata* festgestellt wurden, demonstrierten erwartungsgemäß die geringsten Staubaufträge. Erstere wies mit nur Ablagerungen von 0,05 ± 0,01 mg/cm^2 für $PM_{2,5}$ als auch PM_{10} das geringste Staubbindungsvermögen auf (ebd.: 79). Das Reduzierungsverhalten von *Parthenocissus tricuspidata*, die eine glatte Blattoberseite und -unterseite aufwies, war durch die ungünstige Oberfläche ebenfalls gering ausgeprägt (0,13 ± 0,05 mg/cm^2 für PM10 und 0,12 ± 0,03 mg/cm^2 für PM2.5) (ebd.: 74).
Nach Thönnessen (2002: 31) gehört die dreispitzige Jungfernrebe – entsprechend der Mikrorauigkeit ihrer Blätter – zu den staubakkumulierenden Pflanzen.[7] Dies hat zur Folge, dass sich die Partikel auf den Blattoberflächen während der gesamten Vegetationszeit ansammeln und nicht durch Regenereignisse oder Windbewegungen entfernt

[7] Thönnessen (2002: 31) unterscheidet in seiner Dissertation zwischen den Typen *Akkumulierer und Selbsteiniger*. Der Begriff *Meider* kann an dieser Stelle als Synonym verstanden werden.

werden und daraufhin neu haften, wie es bei den Selbstreinigern der Fall ist (ebd.: 139).

Die Untersuchungen zum Staubfangvermögen unterschieden nach Blattober- und -unterseite illustrierten, dass beim überwiegenden Teil der erforschten Spezies mehr Staub, verstärkt PM_{10} und $PM_{2,5}$, auf den Blattunterseiten haftete. Bei acht von insgesamt zehn Arten sind durchschnittlich zwischen 50 und 80% der biogenen Sporen (Mittelstaub), zwischen 46 und 93% PM_{10} und zwischen 40 und 92% $PM_{2,5}$ gebunden worden (ebd.: 76). Dieser ist auf die an der Blattunterseite stark vorhandene Behaarung zurückzuführen (ebd.: 78).
Weiterhin wurde bei Arten, deren Blattstruktur weitgehend waagerecht verlief und nicht hängend bzw. senkrecht zum Luftstrom angeordnet war, ein kontinuierlich höheres Staubfangvermögen festgestellt (ebd.: 69).

Die in der Methodik erläuterte Untersuchung zur Taxonomie ergab ein negatives Ergebnis. Insgesamt wurden Pflanzen aus 39 verschiedenen Familien herangezogen, jedoch konnte innerhalb der taxonomischen Klassifizierung keine signifikante Korrelation zwischen den Pflanzenfamilien und dem Staubfangvermögen gefunden werden (ebd.: 91). Innerhalb der Untersuchungen wurde ermittelt, dass Sträucher/Halbsträucher die höchsten Staubaufträge aufwiesen (ebd.: 89).
Die Relevanz der Untersuchung von Ast- und Zweigstrukturen von Bäumen und Sträuchern ergibt sich in der im Gegensatz zur Blattmasse nicht gewährleisteten ganzjährigen Verfügbarkeit. Mit Hilfe der turbidimetrischen Methode wurden diesjährige Zweige von 17 Pflanzenarten untersucht. Aus den Ergebnissen resultierte, dass das Reduzierungsvermögen von der Morphologie der Oberfläche abhing und eine mächtigere Staubauflage mit einer höheren Rauigkeit korrelierte. Diesjährige Zweige von Rhus *typhina, Tilia tomentosa, Ribes sanguineum, Corylus avellana, Carpinus betulus* und *Viburnum rhytidophyllum* wiesen mit einer Staubauflagerung über 1 mg/cm² PM10 und PM2.5 die höchste Fähigkeit zur Dekonzentration von Partikeln auf (ebd.: 98). Prinzipiell besaßen Arten, deren Sprossoberflächen besonders glatt waren, ein niedrigeres Staubfangvermögen.
Die Messungen zur Transmission[8] zeigten eine durch die eingesetzten Stäube (Mittel- und Feinstaub) ähnliche Beeinflussung. Hierbei wurde eine Reduzierung der Lichttransmission bei steigender Mächtigkeit der Staubauflage festgestellt (ebd.: 109). Bei maximal bestaubten Blättern wurde sichtbar, dass sich die Transmission durch einen Staubauftrag von 1 mg/cm² Mittelstaub um circa 16% reduzierte, während dies bei der adäquaten Menge an Feinstaub um circa 5% der Fall war. Die größtmöglich ermittelten

[8] Der Begriff Transmission bezeichnet „die Durchlässigkeit eines Mediums für die Übertragung von Wellen wie Licht“ (Kolar 1990: 201).

Staubaufträge für Blattflächen (85% der beprobten Arten) betrugen überwiegend einen Wert von < 1 mg/cm² für PM_{10} und $PM_{2,5}$, sodass die Schlussfolgerung naheliegt, dass die Beeinflussung der Transmission durch die Stäube eher gering ausfiel (ebd.: 110).

Im Folgenden werden Ergebnisse **diskutiert**. Dass die Behaarung der Blattoberfläche nicht als universelle Lösung der Staubbindung dienen kann, verdeutlichen die Untersuchungen an *Quercus rubra und Quercus robur*. Die Blätter von *Quercus rubra* (252 cm^2) wiesen gegenüber denen von *Quercus robur* (63 cm^2) sowohl eine deutlich größere Gesamtblattfläche als auch ein um den Faktor zehn erhöhtes Staubfangvermögen auf.

Die Behaarung der beiden Gattungen fiel sehr spärlich aus. Der quantitativ signifikante Unterschied könnte auf die größere Blattoberfläche zurückgeführt werden, jedoch schienen Differenzen in der Morphologie der Blattnervatur wahrscheinlicher. *Quercus rubra* besaß ausgeprägte Blattadern, die die glatte Oberfläche für Partikel widerstandsfähiger wirken ließ. Anhand dieses Beispiels konnte aufgezeigt werden, dass zum Teil nicht vollständig aufgeklärte Parameter das Staubbindungsvermögen beeinflussen (ebd.: 71).

Zudem besteht weiterer Forschungsbedarf hinsichtlich der von Thönnessen vorgenommenen Einteilung in Staubakkumulierer und -meider. Während *Parthenocissus tricuspidata* zu Staub akkumulierenden Pflanzen gehört, wird *Platanus x hispancia* als eine den Staub meidende Pflanze klassifiziert (ebd.: 138). Demnach wäre bei *Parthenocissus tricuspidata* ein höherer Staubauftrag auf den Blättern erwartet worden, allerdings wiesen beide Arten mit 0,13 ± 0,03 mg/cm² für PM_{10} und $PM_{2,5}$ eine gleich schlechte Kapazität zur Bindung nach einer einmaligen Bestaubung auf. Es müssten Versuchsreihen unter natürlichen Bedingungen erfolgen, in denen festgestellt werde, welche der beiden Pflanzen innerhalb der Vegetationsperiode das beste Reduktionsvermögen mit ihren entwickelten Anpassungsstrategien besitzt.

In der Dissertation wurde die Veränderung der Staubauflage innerhalb der Vegetationsperiode nicht ermittelt. Daher sollten Bestaubungsversuche zu einer potenziell auftretenden Veränderung der Staubauflage sowie diesem Ausmaß während der Vegetationsperiode mit den am besten filternden Pflanzen im Feldversuch realisiert werden. Dabei ist vorstellbar, dass sich die Staubauflage auf den Blättern von Arten wie *Viburnum rhytidophyllum* durch Regenereignisse entfernen ließe und neuer Staub aufgelagert werden könne. Nichtsdestotrotz muss auf die Schwierigkeit der Entfernung der seit einem längeren Zeitraum gebundenen Partikel hingewiesen werden, da bereits chemische Reaktionen mit der Oberfläche stattgefunden haben können (ebd.: 139).

Die Filterungsleistung der sechs untersuchten Zimmerpflanzen bewegte sich in einem geringen Wertebereich von 0,58 bis 0,3 mg/cm² für PM_{10} und 0,33 bis 0,25 mg/cm² für $PM_{2.5}$. Das beste Bindungsvermögen wiesen die Arten *Ficus benjamini* und *Nephrolepsis exaltata* mit 0,58 mg/cm² für PM_{10} auf. Trotz des eher gering bis mittelmäßig nachgewiesenen Staubfangvermögens für PM_{10} und $PM_{2,5}$ ist der Beitrag von Zimmerpflanzen zur Erhöhung der Luftqualität in Innenräumen nicht zu missachten. Diese Pflanzen sind i.d.R. nicht vom jahreszeitlichen Wandel mit Seneszenz und vollkommenem Blattabwurf betroffen und stellen daher ganzjährig eine Senke für Feinstaub dar (ebd.: 92). Neben der Untersuchung an Zimmerpflanzen ist auch die an Ast- und Zweigstrukturen positiv hervorzuheben. Es wurde deutlich, dass Zweige auch im Winter, in dem die Feinstaubsituation besonders gefährlich ist, über ein effektives Bindungsvermögen der lungengängigen Fraktion $PM_{2,5}$ verfügen, wenn das Blattwerk bei sommergrünen Arten nicht vorhanden ist. Um größtmögliche Wirkungen erzielen zu können, sind die Arten zu präferieren, die bereits für die Blattflächen eine gute Filterungsleistung aufwiesen (ebd.: 101).

Die Studie Flohrs von Flohr ist für die Genese der Feinstaubliteratur sowie für zukünftige stadtplanerische Konsequenzen essentiell. Aufgrund des artenreichen Pflanzenspektrums und der interdisziplinären Vorgehensweise konnten viele – bisher nur angeschnittene – Bereiche exemplarisch thematisiert werden. Der progressive Erkenntnisgewinn liegt in der Untersuchung der Photosynthese durch die Staubauflage, der taxonomischen Klassifizierung und von diesjährigen Zweigen sowie Zimmerpflanzen vor.

3.3.2 Gorbachevskaya, O.; Herfort, S.; (2012): Feinstaubbindungsvermögen der für die Bauwerksbegrünung typischen Pflanzen

Die vorliegende Studie wurde von der Fachvereinigung Bauwerksbegrünung e.V. (FBB) in Auftrag gegeben und vom IASP angenommen. Für die wissenschaftliche Bearbeitung waren O. Gorbachevskaya und S. Herfort zuständig (Gorbachevskaya & Herfort 2012: 3). Ziel- und Aufgabenstellung der Studie ist es, Recherchen, Pflanzenversuche und Modellrechnungen zum Feinstaubbindungsvermögen unterschiedlicher Pflanzen durchzuführen, die für die Bauwerksbegrünung charakteristisch sind, und somit Hilfestellungen für Unternehmen aus diesem Bereich zu ermöglichen (ebd.: 8).

3.3.2.1 Material und Methodik

Die in vierfacher Ausführung untersuchten Prüfvarianten *Sedum*-Matte, *Sedum-Gras-Kraut*-Matte (hoher Deckungsgrad an abgestorbenen Graspflanzen) und Moos-Matte wiesen eine Größe von 1 m^2 auf. Um einen Vergleich gegenüber den zuvor genannten Varianten erzielen zu können, wurden *unbegrünte Matte* und *Schotter* als Alternativen hinzugefügt (ebd.: 12). Die Bestaubung ist mit jeweils 1 g eines Feuerlöschpulvers, welches der Partikelgröße des Feinstaubs entspricht, pro Messung in einer aus Plexiglas bestehenden Messzelle in Form eines Kubus (Volumen:1 m^3; Messzellenunterfläche: 1 m^2), bewerkstelligt worden. Die Messung der Partikelkonzentrationen erfolgte durch zwei Laserpartikelzähler, die mittig und gegenüberliegend am Boden der Plexiglaswand angerordnet waren, in fünf Kanälen. Die Messinstrumente sind auf ein Intervall von einer Messung pro Minute sowie einem Gesamtzeitraum von 90 Minuten eingestellt worden (ebd.: 14). Ausgehend von einem ein Sechstel Überzug der Messzellenwände durch die Prüfvarianten und einer Partikelablagerung auf den übrigen fünf Sechstel der Wände, sind Messungen in einer inhaltslosen Zelle als Null-Messungen durchgeführt worden. Auf dieser Basis wurden fünf Sechstel der prozentualen Aufnahmekapazität der Leeren Zelle von denen der Prüfvariante abgezogen (ebd.: 12; 16).

Zu Beginn ist die zu prüfende Variante horizontal auf dem Boden der Messzelle platziert und die Messhöhe mit Hilfe der Abstandshalter der Partikelzähler auf die entsprechende Vegetationshöhe reguliert worden (ebd.: 14). Ein 20 cm langes Applikationsrohr, welches die gleichmäßige Anwendung des Staubes gewährleisten sollte, wurde in die vorgesehenen Öffnungen eingegeben und die Partikelmessgeräte sowie ein an der oberen Innenseite der Messzelle angebrachter Ventilator gestartet. Der abgewogene Staub konnte nun in kleinen Teilmengen in das Applikationsrohr eingeführt und verteilt werden. Der Ventilator erzeugte Windstöße von 2 m/s und ist nach der fünften Messung aus- und in den 45. bis 49. Messungen wieder eingeschaltet worden. Es wurden auch sechsstündige Langzeitmessungen realisiert (ebd.: 15).

3.3.2.2 Ergebnisse der Messungen und Diskussion

Die nachfolgende Tabelle stellt die prozentualen Filterungsleistungen der einzelnen Untersuchungsgegenstände dar. Stellenweise ist ein / eingeführt worden, um ausschließlich die für die anschließende Skizzierung relevanten Werte zu illustrieren. Die rote Farbe zeigt das Max der Bindung, während die grüne das Min darstellt.

Tab. 4: Prozentuale Filterungsleistungen der Prüfvarianten unter Berücksichtigung verschiedener Parameter (Gorbachevskaya & Herfort 2012: 19-21; 27)

Variante	**0,3 µm**	**0,5 µm**	**1 µm**	**3 µm**	**5 µm**
4.1 Gesamtmessung über 90 Minuten					
Unbegrünte Matte	-1,07	3,47	10,52	17,52	16,89
Schotter	1,42	8,90	17,23	17,90	/
Sedum	11,33	30,94	33,41	21,10	/
Sedum-Gras-Kraut	-2,67	10,01	26,42	/	/
Moos	/	15,94	29,78	21,66	17,61

	4.2 Kurzfristige Windeinwirkung (2 m/s) von 5 Minuten				
Unbegrünte Matte	-0,58	-0,13	0,65	6,98	16,38
Schotter	-0,81	-0,34	-0,64	-0,44	/
Sedum	-2,12	4,45	/	20,78	19,53
Sedum-Gras-Kraut	-3,84	4,48	14,11	22,04	/
Moos	-2,63	4,63	/	24,68	20,06
	4.3 Sechs Stunden bei einer Windeinwirkung von 1 m/s				
Unbegrünte Matte	35,04	70,66	/	/	/
Schotter	34,50	74,74	/	/	/
Sedum	62,19	84,90	92,56	/	/
Sedum-Gras-Kraut	14,71	46,99	74,28	97,61	99,28
Moos	9,66	63,10	/	99,50	99,87
	Aufnahme von Fraktionen		**Prozentuale Aufnahme**		
	PM_{10}	$PM_{2,5}$	PM_{10}	$PM_{2,5}$	
Luftbelastung	25,7µg/m³	24,0 µg/m³	-	-	
	4.4 Modellrechnung: Staubaufnahme eines 1 m² großen Dach in 90 Minuten unter einmaliger Windeinwirkung von 5 Minuten bei 2 m/s				
Sedum	5,2	4,8	20,71	20,16	
	4.5 Modellrechnung: Staubaufnahme eines 1 m² großen Dach in sechs Stunden der Staubexposition bei dauerhafter Windeinwirkung 1 m/s				
Sedum	18,6	17,4	72,51	72,49	
Sedum-Gras-Kraut	7,6	7,1	29,66	29,63	

Die *Sedum*-Matte wies gegenüber allen Prüfvarianten das beste Feinstaubbindungsvermögen auf und sollte daher als Bauwerksbegrünung vorrangig genutzt werden, um einen nennenswerten Beitrag zur Luftreinhaltung erzielen zu wollen. Insbesondere die lungen- und alveolengängigen $PM_{2,5}$ wurden von den verschiedenen *Sedum*-Arten der *Sedum*-Matte am wirkungsvollsten gebunden (Tab 4.1-4.3). Anhand der Versuche (Tab. 4.1-4.2) konnte die Aussage von Schreiter (2010), dass Sedum-Pflanzen Staubakkumulierer sind, indirekt bestätigt werden (ebd.: 24).

Entgegen der Erwartungen ist das Bindungsvermögen der *Sedum*-Gras-Kraut-Matten innerhalb der Vegetationsmatten am geringsten gewesen. Selbst bei dem minimalsten Anteil abgestorbener Pflanzen (16%) filterte diese Variante Partikel mit einer Größe von 0,3 µm und 0,5 µm deutlich schlechter als *Sedum* (Gorbachevskaya & Herfort: 24). Vegetationsmatten, die unter Windeinfluss standen (Tab 4.2), beeinflussten die Deposition von Partikeln (0,5 µm bis 3 µm) wesentlich wirkungsvoller als die unbegrünte Matte und der Schotter. Partikel, deren Durchmesser 0,3 µm betrugen, konnten hingegen von keiner geprüften Variante effektiv gefiltert werden (ebd.: 20). Hierbei waren durchgehend negative Werte erzeugt worden, die voraussichtlich Rückschlüsse auf die Partikelfreisetzung durch die Vegetation erlauben. Die geringe Feinstaubaufnahme der

Sedum-Gras-Kraut-Matte ist durch die Wiederaufwirbelung gebundener Partikel bedingt gewesen.
Die Partikelhaftung wird im Wesentlichen durch die Starrheit der Pflanzen beeinflusst, jedoch bewegten sich die Graspflanzen durch Einwirkung des Ventilators besonders schnell, sodass aufgenommene Partikel gelöst werden konnten. Die nicht sukkulenten Kräuter konnten trotzt positiver Bindungseigenschaften (Blattbehaarung bei *Cerastium*) keinen erheblichen Beitrag zur Reduzierung der Staubkonzentration leisten, da ihr Anteil an der Gesamtdeckung mit 2-3% zu niedrig war (ebd.: 24).

Korrelationsanalysen zur Untersuchung des Staubbindungsvermögens der *Sedum*-Gras-Kraut-Matte führten zu dem Ergebnis, dass ein erhöhter Anteil abgestorbener Pflanzen auf der Matte zu einer eingeschränkten Reduzierungsleistung führt.
Zudem ermittelten die Projektleiterinnen eine positive Korrelation zwischen dem Anteil lebender Graspflanzen und der Adsorption von 0,3 µm und 1 µm großen Partikeln. Auf der Basis dieser Befunde kann angegeben werden, dass die Konzentration der Partikel in der Luft sinkt, wenn sich die Anzahl lebender Graspflanzen auf der Prüfmatte erhöht (ebd.: 20-21). Je nach Einnahme der Betrachtungsweise kann der hohe Deckungsgrad an abgestorbenen Graspflanzen weniger tragisch erscheinen, da mit Hilfe dieser Besonderheit Aussagen über die Fähigkeit zur Bindung von totem Material sowie den Einfluss auf lebende Vegetationen auf einem begrenzten Ausschnitt möglich gewesen waren. Tatsächlich existiert ein Unterschied, der sich zum Nachteil des Organischen auswirkt.

Basierend auf der Aussage von Frahm (2007: 154), dass Moospflanzen aufgrund ihrer kleinen und dicht benachbarten Blättchen eine Oberflächenvergrößerung um das 30-fache erfahren können, wurde vor Versuchen ein höheres Bindungsvermögen dieser Vegetationsform gegenüber den anderen vorausgesetzt, welches sich aber nicht bestätigte. Aufnahmen mittels dem REM zeigten, dass die Oberfläche des Blattspitzenbereichs von *Tortula ruralis* den Oberflächen selbstreinigender Pflanzen ähnelte. Die tendenziell erhöhte Aufnahmefähigkeit der Moose geschah ausschließlich im Hinblick auf den Versuch mit kurzfristiger Windeinwirkung und Partikel mit einer Größe von 0,5 µm bis 3 µm (Tab 4.3) (Gorbachevskaya & Herfort 2012: 24).

Die gesteigerte Partikelaufnahme der vegetationslosen Prüfformen unter kontinuierlicher Exposition von Feinstaub ließ sich nicht eindeutig erklären. Ein möglicher Erklärungsansatz hinsichtlich des geringen Staubauftrags auf den Oberflächen der *Sedum*-Gras-Kraut-Matten und Moos-Matten im Gegensatz zu den vegetationslosen Varianten könnte die eigene Partikelerzeugung darstellen. Pflanzliche Emissionsquellen konnten innerhalb dieser Studie nicht ermittelt werden, sind aufgrund vorheriger Versuche des IASP und alternativer wissenschaftlicher Studien jedoch zu vermuten (ebd.: 25). Zudem illustriert diese Versuchsreihe, dass bei ständig geringeren erzeugten Windgeschwindigkeiten mehr feine Partikel (0,3 µm und 0,5 µm) gebunden werden und die Ablagerung schneller erfolgt als in der Messung mit kurzfristiger Windeinwirkung (ebd.: 22).

3.3.2.3 Modellrechnungen zur Feinstaubbindung und Problemstellungen

Um einen Bezug zwischen den Untersuchungen und der praktischen Relevanz herzustellen, sind Vergleichsmessungen der Luftkonzentration im Labor und an einer Autobahn durchgeführt worden. Während der Autobahnmessung belief sich die durchschnittliche Konzentration für PM_{10} auf 25,7 µg/m^3 und $PM_{2,5}$ auf 24 µg/m^3 (Anteil von $PM_{2,5}$ an PM_{10}: 93%) (ebd.: 26).

Innerhalb der ersten Berechnung (Tab 4.4) wurde erneut deutlich, dass die Fraktion $PM_{2,5}$ am besten von der *Sedum*-Matte gebunden wird. Hierbei wies sie mit einer prozentualen Aufnahme von 20,16% der Gesamtbelastung die größte Filterungsleistung auf. In einer weiteren analog durchgeführten Hochrechnung (Tab 4.5) stach die *Sedum*-Matte erneut als Prüfvariante mit dem größten $PM_{2,5}$-Bindungsvermögen heraus. Demgegenüber weist die *Sedum*-Gras-Kraut-Matte minimalste prozentuale Aufnahmevermögen auf. Die Partikelaufnahme war bei sechsstündiger Einwirkung des Staubs größer als bei einer kurzfristigen Einwirkung (90 Minuten) (ebd.: 27).

Eine fehlerfreie Berechnung des Feinstaubbindungsvermögens eines begrünten Dachs erwies sich um einiges schwieriger (ebd.: 27). Unter Berücksichtigung der vorangegangenen Untersuchungen kann angegeben werden, dass ein *Sedum*-Dach unter günstigen Bedingungen geringstenfalls 70% der $PM_{2,5}$ aus der Umgebungsluft bindet und bei schwachen Windbedingungen effektiv zurückhält. Laut einer Analyse von Frahm und Sabovljevic (2007: 155) fallen jährlich circa 2-14 g/m^2 Feinstaub an. Die auf dieser Aussage basierende Hochrechnung für 1000 m^2 einer *Sedum*-Dachbegrünung, führt zu dem Ergebnis, dass die *Sedum*-Matte jährlich 1,4-9,8 kg PM_{10} und davon 1,0-8,8 kg $PM_{2,5}$ (zu 70-90% PM_{10}) und maximal 10 kg/1000 m^2 aufnehmen kann (Gorbachevskaya & Herfort 2012: 28).

Durch die Konstruktion der Versuchsanlage sowie die Vernachlässigung externer Faktoren ist die Übertragbarkeit der Ergebnisse auf reale Situationen sehr eingeschränkt. Die simulierten Windgeschwindigkeiten sind aufgrund ihres häufigen Auftretens in Agglomerationen gewählt worden. Auf Dächern treten Winde verschiedener Richtung und weitaus größerer Stärke auf, die durch externe Faktoren wie z.B. die Umgebung des

Dachs und den Klimabedingungen beeinflusst werden. Bei Windeinwirkung entstehen durch die Architektur des Gebäudes Zonen mit einer höheren und einer niedrigeren Partikelkonzentration, die sich beschränkend auf die Berührungszeiten der Vegetationsoberflächen mit den Partikeln auswirken und eine Deposition verhindern können.

Ein weiteres die Übertragbarkeit der Versuche beeinträchtigendes Kriterium ist der montierte Ventilator, der Wind in senkrechter und eben nicht in natürlicher Ausführung auf die Prüfvarianten austrug. Nach vorangegangener Schilderung ist es dringend erforderlich zu untersuchen, inwiefern sich erhöhte Windstärken und verschiedene -richtungen auf die Depositionsrate auswirken.
Des Weiteren sollten auch die Applikation des Prüfstaubes und dieser selbst berücksichtigt werden. Ausgehend von diesem Ansatzpunkt könnte man durch die Zugabe unterschiedlicher Staubmengen sowie durch die Regulierung der Intervalle eine zuverlässigere Aussage hinsichtlich des Sättigungsgrades und einer zu vermuteten Oberflächenveränderung verschiedener Pflanzenarten treffen (ebd.: 25-26). Zudem weist der künstliche Feinstaub nicht die inhomogenen Eigenschaften des Staubs auf, der sich in der Stadt bildet oder dorthin transportiert wird (Sempel et al. 2013: 116).

3.3.3 Frahm, J.-P.; Sabovljevic, M. (2007): Feinstaubreduzierung durch Moose

Frahm und Sabovljevic, die gemeinsam am Nees-Institut für Biodiversität der Pflanzen in Bonn tätig waren, untersuchten in ihrem Vorhaben das Potenzial der Feinstaubreduzierung durch Moose (Frahm & Sabovljevic: 152).
Methodisch gingen die Autoren folgendermaßen vor: Um die Mengen an Feinstäuben nachzuweisen, die durch Moose festgehalten werden können, wurde die Anreicherung von Blei- und Bariumstäuben in einem Modellversuch getestet. An dieser Stelle sind unterschiedliche Laubmoosarten (*Polytrichum formosum, Polytrichum juniperinum, Rhytidiadelphus squarrosus, Dicranum scoparium, Bryum argentum und Ceratodon purpureus*) verwendet und deren verschiedenen Charakteristika hinsichtlich der Feinstaubadsorption bestimmt worden.
In allen Versuchen sind die Moosarten unterschiedlichen Befeuchtungsgraden (trocken, nass, 40-50% wassergesättigt) ausgesetzt gewesen. Die Versuche wurden mit allen Varianten drei Mal wiederholt und von den Ergebnissen die jeweiligen Mittelwerte gebildet.

Die Auswertung ergab folgendes **Ergebnis**: Die mit Blei- bzw. Bariumchlourid durchgeführten Untersuchungen demonstrierten vergleichbare Ergebnisse und erwartungsgemäß Unterschiede bezüglich der Deposition auf den Oberflächen der verschiedenen Moosarten. Dieser Gegensatz kann mit different ausfallenden Befeuchtungsgraden der Moospflanzen begründet werden, da dieselben Anzahlen von trockenen Moosen (bei konstantem Trockengewicht) am wenigsten Partikel aufnehmen. Die größtmögliche Kapazität zur Feinstaubbindung ist bei Moosen mit mittlerem Wassersättigungsgrad (40-50% von Nassgewicht) festgestellt worden, völlig wassergesättigte Moosarten binden hingegen weniger partikuläre Substanzen. Die nachfolgende Abbildung verdeutlicht die Feinstaubbindung bei unterschiedlichen Feuchtigkeitsgraden (ebd.: 155).

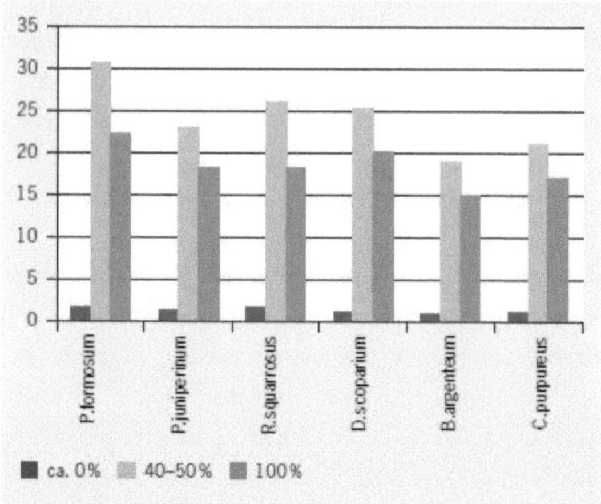

Abb. 2: Feinstaubbindung von Pb2+ in Prozent bei unterschiedlichen Moosarten und unterschiedlich wassergesättigten Zuständen (0, 40–50 und 100 %) nach einer Einwirkungszeit von 2 Stunden.

Frahm und Sabovljevic illustrierten in ihrem Modellversuch, dass innerhalb einer Einwirkungszeit von zwei bis sechs Stunden nur eine geringe Abweichung hinsichtlich der Menge an adsorbiertem Feinstaub durch Moose vorliegt. Die stärkste Adsorption von Partikeln findet in den ersten drei Stunden statt. Bezogen auf das Gewicht können Moose bei einer einmaligen Bestaubung partikuläre Substanzen in einem Größenbereich zwischen 13 und 22 g/m^2 aufnehmen, wobei die jährliche Depositionsrate von Feinstäuben nur zwischen 2 und 14 g/m^2 liegt. Dies zeigt, dass Moosmatten einen nicht unerheblichen Beitrag zur Qualitätsverbesserung der Luft leisten, sondern auch, dass sie ein Vielfaches der Partikelmengen aufnehmen können (ebd.: 155-156).

Die von durchgeführten Versuche zur feinstaubreduzierenden Wirkung von Moosen sind grundsätzlich als erfolgreich und zudem als Ansatzpunkt für weitere **Diskussionen** einzustufen. Eine zentrale Komponente des Versuches stellt die hier erwähnte Beschreibung des Beitrags der Physiologie zur Filterung dar. Moose nehmen im Kontrast zu Höheren Pflanzen atmosphärisches Wasser und darin gelöste Nährstoffe nicht über die Wurzeln, sondern über die gesamte Pflanzenoberfläche, auf.

Eine wichtige nährstoffhaltige Nahrungsquelle stellen unterschiedliche Stäube dar. Diese – besonders Feinstaub – werden durch mechanische Wirkungen nicht nur zwischen, sondern auf den Moosblättchen fixiert und gespeichert. Sobald der Feinstaub durch Wind, Sedimentation oder andere Vorgänge in Kontakt mit Moosen tritt, bleibt er zwischen den Moospflanzen befestigt und resuspendiert nicht in die Luft (ebd.: 156).
Die Ammoniumsalze des Feinstaubs werden von Moospflanzen als Pflanzendünger aufgenommen. Ausgehend von einem Mittelwert werden um die 50% des Feinstaubs in Phytomasse umgewandelt. Während der organische Anteil im Feinstaub durch Bakterien, die in einem Biofilm auf den Moosarten leben, abgebaut wird (25%), sedimentieren unlösliche anorganische Anteile des Feinstaubs in den Moosrasen (25%). Daraus ergibt sich, dass Moosmatten den Feinstaub bis zu 75% vernichten (Frahm 2007: 33).

Forschungslücken ergeben sich hinsichtlich der expliziten Feinstaubfilterungsleistung an Autobahn- sowie Bundesstraßen, auf Dächern und in Verdichtungsräumen.
Solche (Langzeit-)Studien fehlen, um den Moosarten zu diesem Zeitpunkt als Feinstaubfänger eine zentralere Bedeutung zukommen zu lassen. Mögliche weitere Fragestellungen könnten sein, inwiefern sich die Feinstaubbindung bei erhöhten Windgeschwindigkeiten und Schadstoffexpositionen ereignet oder sich die erforderliche Befeuchtung bei starkem Niederschlag oder andauernder Dürreperiode gestaltet, extremere Wetterbedingungen wie Hagel und Schnee oder aufgewirbeltes Streusalz im Winter sind nicht berücksichtigt. Alternativ müsste auch die Einflussnahme verschiedener Gebäudehöhen auf die Feinstaubfilterung von Moosarten untersucht werden.
Insgesamt veranschaulichte die vorliegende Untersuchung, dass Moosmatten bei angemessen Befeuchtungsgrad eine nachhaltige Maßnahme zur Minderung der Feinstaubpartikel durch ihre mögliche vielfache Aufnahme sind (Kappis et al. 2007: 126).

3.4 Zwischenfazit

Tab. 5: Filterleistungen der untersuchten Pflanzenarten (Eigene Darstellung)

Untersuchungsgegenstand	**Gefilterte Substanz**	**Menge**	**Standort**	**Bemerkung**	**Quelle**
Acer Platanoides	PM_{10}	400g, daraus ableitend < 5 % pro Vegetationsperiode	Innenstadt (stark befahrene Straße	400 g in der Vegetationsperiode = 11,5% **aber:** Die Belastung durch den Straßenverkehr entsprach nur 40% der Gesamtbelastung	Langner 2006

Quercus ilex	Stickstoff, Schwefel sowie Cu, Fe und Pb	N: n. n. S: 0,1-0,9 Cu: 1-80 Fe: 14-1459 Pb: 2-21	Urbanes Gebiet (Park, Square, Straße	Größenordnung der Deposition auf der Blattoberfläche in μg g^{-1} an achtuntersuchen Standorten	Alfani et al. 1996
Quercus robur	Feinstaub	353 kg	Urbanes Waldgebiet (28 ha)	Totalgewicht der Partikel	Beckett et al. 2000
Tilia x. europaea		166 g	Park	Gesamtpartikelbelastung pro Baum	
Ulmus procera salis		1071 g	Park	Gesamtpartikelbelastung pro Baum	
Viburnum rhytidophyllum	Feinstaub	Maximal 9,76 mg/cm^2 für PM_{10} und 7,65 mg/cm^2 für $PM_{2,5}$	Labor	Blattober- und -unterseite	Flohr 2010
***Sedum*-Matte**	Feinstaub (Feuerlöschpulver)	Jährlich 1,4-9,8 kg PM_{10}, davon 1,0-8,8 kg $PM_{2,5}$ (70-90% PM10) bzw. 10 g/m^2 PM_{10}, davon 9 g/m^2 $PM_{2,5}$	Labor	Basierend auf den Aussagen von Frahm und Sabovljevic (2007) und den eigenständig ermittelten Daten	Gorbachevskaya und Herfort 2012
Laubmoose	Feinstaub (Blei- und Bariumstäube)	zwischen 13 und 22 g/m^2	Labor	100% Bindungsvermögen bei einem mittleren Wassersättigungsgrad	Frahm und Sabovljevic 2007

Die bisherigen Ergebnisse demonstrieren, dass Pflanzen in urbanen Räumen fähig sind, einen Beitrag zur Verbesserung der Luftqualität zu leisten, jedoch muss an dieser Stelle vorsichtig agiert werden, da eine Bepflanzung gemäß dem Leitsatz „*Jegliche Anbringung ist besser als keine*“ problematisch ist.

Viele der in der Literatur angegebenen und einige in dieser Arbeit ermittelten Werte zum Feinstaubbindungsvermögen stellen hauptsächlich Hochrechnungen dar, die auf definierten Situationen basieren und nicht unmittelbar übertragbar sind (Kappis et al. 2007: 132). Es fehlen im Feldversuch durchgeführte Studien, die die Bindung von Partikeln auf pflanzlichen Oberflächen unter natürlichen Bedingungen untersuchen und dabei versuchen, *ex situ* ermittelte Werte zu bestätigen. Allerdings ergeben sich gerade bei *in situ* durchgeführten Untersuchungen Schwierigkeiten durch fehlende Messmethoden, die den bereits zurückgelegten Weg der sedimentierten Partikel bestimmen können. Bisher blieben die Wiederaufwirbelung durch den Wind, der mechanische Abrieb und die erneute Aufnahme durch die Blätter unberücksichtigt (Gorbachevskaya & Herfort 2012: 9).

Ein weiteres Problemfeld stellt die Emission von Pflanzen dar. Schätzungsweise werden jährlich um die 30-270 Megatonnen *Aerosole* biogenen Ursprungs in der Atmosphäre abgeschieden. Pflanzen, die in urbanen Gebieten hohen Stressfaktoren wie z.B. Ozon- und Kohlendioxidbelastung ausgesetzt sind, emittieren verstärkt schädliche VOC's.
Um eine wirksame Bepflanzungsmaßnahme erzielen zu können, muss dieser Aspekt in weiteren Untersuchungen näher quantifiziert und extrapoliert werden (Flohr 2010: 142). Zudem erscheint es sinnvoll, dass Pflanzen von denen bekannt ist, dass sie über ein hohes Bindungsvermögen partikulärer Substanzen verfügen, verstärkt auf ihre Resistenz gegen urbanen Stressfaktoren untersucht werden. Aufgrund dessen könnte ermittelt werden, inwiefern stark kontaminierte Standorte und deren Beschaffenheit die Staubfilterung der Vegetation beeinflussen (Kappis 2007: 157).

Nach Langner (2006: 126) sollte eine Bepflanzung des Fahrbahnrandes mit niedrigen Bodenbedeckern präferiert werden. Diese ist in der Lage, den vom Verkehr freigesetzten Staub unmittelbar zu fixieren und eine Wiederaufwirbelung der Partikel durch Turbulenzen zu verhindern. Ein weiterer positiver Vorteil dieser Vegetationsform besteht im Auffangen des mit Feinstaub besetzten Laubs, welches im Herbst abgeworfen wird. Dieses kann sich auf dem Boden zwischen den Pflanzen ansammeln und gleichzeitig verstoffwechselt werden. Dadurch wird verhindert, dass die Blätter vom Straßenverkehr zermahlt und der daran gebundene Staub zurück in die Atmosphäre gelangt (Flohr 2010: 141). Die Begrünungen lassen sich für stark belastete Orte individuell gestalten, sodass auch eine in der Höhe geringer werdende Vegetationseinheit in Betracht gezogen werden kann. Der Vegetationsbestand sollte eine hohe Porosität und eine damit verbundene Durchströmbarkeit gewährleisten, sodass ein sogenannter *Tunneleffekt* definitiv vermieden werden kann (Kappis 2007: 159). Ein dichtes Kronendach, welches durch eng beieinanderstehende Bäume entlang einer viel befahrenen Straße (Bsp.: Allee) gebildet wird, führt zu Austauschverhältnissen im sich darunter befindenden Straßenraum, die denen in einem Tunnel ähneln (Bruse 2003: 68).

Um den Aspekt der effektiven Raumgestaltung weiter auszuführen, werden Stadtwälder herangezogen. Hierbei ergibt sich der Vorteil, dass *feinere* Partikel über eine größere Entfernung transportiert werden können und von der Vegetation gefiltert werden, die ursprünglich nicht in die Problematik oder in Messungen einbezogen wurden. In den USA können Stadtwälder kurzfristig bis zu 13% PM_{10} filtern und zusammen mit Straßenbäumen eine Feinstaubverminderung um 214.900 Tonnen bewirken (Matzarakis 2008: 11). Darüber hinaus können Feinstaubwerte, die erhöht in den Wintermonaten aufgrund meteorologischer Bedingungen auftreten, durch immergrüne Gehölze und Äste sowie Zweige ganzjährig gemindert werden und somit zur Vorbeugung des Kontakts mit dem menschlichen Körper führen.

4. Die Effektivität der Feinstaubfilterung alternativer Maßnahmen im Vergleich zu Stadtgrün

Die in Deutschland durchgeführten Maßnahmen zur Reduzierung partikulärer Substanzen konzentrieren sich auf die Bereiche *Verkehr*, *Industrie-* und *Feuerungsanlagen* und *Baustellen* (Schrefel & Hajszan 2005: 13)[9].

Im Jahr 2010 untersuchte Hausmann die Minderungswirkung einer **Magnesiumchloridlösung ($MgCl_2$)** auf die PM_{10}-Belastung an stark verkehrsexponierten Straßen.
Die gebundenen Partikel sollen durch die in eine *Klebefläche* verwandelte Fahrbahn nicht mehr aufgewirbelt werden. Zudem muss die eingesetzte Tausalzlösung sowohl einen Gefrierschutz als auch eine nachhaltige Befeuchtung gewährleisten, da erhöhte PM_{10} Belastungen überwiegend im Winter auftreten. Diese Bedingungen werden durch die Magnesiumchloridlösung erfüllt (Hausmann 2010: 3).

Die Feldversuche fanden in Dresden und Chemnitz statt (ebd.: 23).[10] In seiner Untersuchung stellte Hausmann fest, dass die **Magnesiumchloridlösung** selbst unter günstigen Randbedingungen nur geringe Auswirkungen auf die Bindung von Partikeln hat. Im Mittel kann der Grenzwert von 50 $\mu g/m^3$ pro Einsatz um 1,5 $\mu g/m^3$ verringert werden (ebd.: 49). Pro Tag erscheinen maximal zwei Einsätze sinnvoll, sodass die PM_{10}-Senkung des Tagesmittelwertes im Mittel 3 $\mu g/m^3$ betragen kann, sofern die Einsätze im sechsstündigen Abstand erfolgen (ebd.: 58). Ausgehend von einer Minderung um 3 $\mu g/m^3$ und den erforderlichen Bedingungen für eine Befeuchtung an jedem dritten Wintertag (Dezember bis März) könnte der Jahresmittelwert durch den Einsatz von hygro-

---

[9] Die Thematisierung der staubreduzierenden Wirkung von Filtern in privaten Öfen würde ebenfalls einen interessanten Ansatz darstellen und das Forschungsfeld der Maßnahmen erweitern. Hierbei ergibt sich jedoch die Problemlage, dass zurzeit keine Studien zum Potenzial der Partikelfilter in Öfen realisiert oder herausgegeben wurden.
Ebenso wird auf die detaillierte Darstellung der Minderungswirkung von City-Maut-Zonen verzichtet, da es sich hierbei um die gleiche Problemlage handelt. Im Folgenden werden die Effekte herangetragen, wobei keine zu Grunde liegende Methodik bekannt ist.
Laut Kretzler (2008: 51-52) konnte bereits nach dem Einführungsjahr eine Verringerung des Verkehrsaufkommens um 18% und bis 2008 um 30% erzielt werden. Gemäß Wichmann (2008:9) entspricht die Verkehrsabnahme einer Senkungsrate der Feinstaubbelastung (insbesondere Stickoxide und Rußpartikel) um 12%. Darüber hinaus hat sich die Befürchtung vor der möglichen Umsiedlung der Schadstoffkonzentration in die Vorstädte nicht bewahrheitet.
[10] Aus Gründen der Überschaubarkeit und Zielverfolgung wird auf die detaillierte Beschreibung der Straßen sowie der einzelnen Messdaten verzichtet.

skopischen Substanzen um 0,33 µg/m^3 gesenkt werden. Eine Verminderung der Überschreitungstage kann mit dieser Methode nicht gezielt forciert werden. Bei einer Ausweitung der Befeuchtungen auf das ganze Jahr würde die Senkung des Jahresmittelwertes maximal 1 µg/m^3 betragen (ebd.: 55).

Des Weiteren ist der Erfolg von **Befeuchtungsmaßnahmen** stark von der Fahrbahnbeschaffenheit sowie lokalen meteorologischen Bedingungen, wie z.B. der Windgeschwindigkeit abhängig. Bei einer größeren Geschwindigkeit als 1 m/s (3,6 km/h) konnten keine nennenswerten PM_{10}-Verminderungen durch die Lösung nachgewiesen werden. Es bestehen allerdings erhebliche Forschungsdefizite bezüglich der Wahl des Befeuchtungsmediums und es ist zu hinterfragen, ob der geringe Erfolg der PM_{10}-Minderung den Aufwand der Straßenbefeuchtung, die durch ihre Mobilisierung und Ausführung selbst umweltbelastet ist, rechtfertigt (ebd.: 58). Zudem besteht die Gefahr, dass die verwendete Salzlösung trotz ihrer gezielten Haftung zu Unverträglichkeiten mit der Vegetation im Stadtraum führt. Daher sollten bei der Ausbringung salztolerante Pflanzen und Halophyten berücksichtigt werden (Kappis 2007: 155).

Weitere Maßnahmen aus dem Bereich Verkehr stellen Umweltzonen und Partikelfilter dar. **Umweltzonen** sind europaweite Formen kommunaler Maßnahmen in **Luftreinhalteplänen**, die als Folge zu hoher Luftschadstoffbelastungen in Ballungsräumen eingerichtet werden. Sie stellen Gebiete dar, in die nur bestimmte Fahrzeuge mit geprüften Abgasstandards einfahren dürfen. Derzeit gibt es vier Schadstoffgruppen, die auf die Feinstaubemission ausgerichtet sind. Es gilt, dass die höheren Schadstoffgruppen die geringeren Feinstaubemittenten sind.

Insgesamt sind Pkw, Lkw und Busse von möglichen **Fahrverboten** betroffen, während Motorräder, 3-rädrige Kraftfahrzeuge, land-und forstwirtschaftliche Zugmaschen und weitere von den Regelungen nicht betroffen sind. Zu der Schadstoffgruppe 1, die keine Plaketten erhalten dürfen, zählen Personenkraftwagen ohne geregelten Katalysator und Diesel-Pkw sowie -LKW nach EURO 1 oder schlechter. Alle anderen Verkehrsmittel dürfen Plaketten erhalten.

Aufgrund der hohen Luftschadstoffbelastung wurde in Berlin im Jahre 2005 beschlossen, dass ein Verkehrsverbot für in hohem Maße Abgase emittierende Fahrzeuge innerhalb des S-Bahn Ringes herrscht, welches zweistufig (2008 und 2010) in Kraft trat. Von dieser Umweltzone waren in der ersten Stufe 79.000 und in der zweiten 120.000 der insgesamt 1,2 Millionen zugelassenen Kraftfahrzeuge betroffen. Demnach trat eine Modernisierung der Fahrzeugflotte ein, da die Halter ihre Fahrzeuge entweder nachrüsten oder durch geeignetere ersetzen mussten. Bis zum Ende des Jahres 2010 sind ungefähr 56.000 Fahrzeuge, insbesondere 14.500 Lkw mit Partikelfiltern auf die grüne

Plakette nachgerüstet worden (Rauterberg-Wulff & Lutz 2011: 12). Um eine detaillierte Auswirkung der Umweltzone auf die Senkung der Schadstoffbelastung unabhängig von Witterungsbedingungen oder Änderungen des Verkehrsaufkommens zu messen, wurde die Emissionsminderung, die durch die **Flottenmodernisierung** erzielt wurde, auf die Verursacheranteile des Straßenverkehrs aus einer Studie von Pesch et al. im Jahre 2007, d.h. ein Jahr vor Nutzung der Umweltzone, angerechnet. Die nachfolgende Abbildung visualisiert die Ergebnisse der Messungen.

Die Umweltzone beeinflusst die Beiträge aus motorbedingten Partikeln (rot) und die aus den Stickoxiden der Fahrzeuge hervorgegangenen Nitratpartikel (orange). Diese hatten 2007 einen Anteil an der $PM_{2,5}$-Konzentration von 14 bzw. 8%. Die Verkehrsbeschränkung bewirkte eine Reduzierung der emittierten Abgaspartikel um 58%, wodurch der Anteil dieser Partikel an $PM_{2,5}$ auf 6% sank. Analog zur Senkung der Stickoxidemissionen um 20%, schrumpft der Anteil von Nitratpartikeln auf 6% (ebd.: 16). Gesamtgesehen vermindert sich die Konzentration von $PM_{2,5}$ um 10%. Angesichts der Tatsache, dass PM_{10} im Mittel zu etwa 70% aus $PM_{2.5}$ besteht, bedeutet ein zehn prozentiger $PM_{2.5}$-Rückgang eine Abnahme von PM_{10} um 7%. Bezieht man diese Werte auf den Jahresmittelwert (2010) von 30-34 µg/m^3 von Hauptstraßen, ergibt sich die Schlussfolgerung, dass die Feinstaubkonzentration im Jahresmittel ohne Umweltzone um 2 µg/m^3 höher gewesen wäre. Durch die Berechnung der Korrelation zwischen Überschreitungstagen und Jahresmittelwert konnte festgestellt werden, dass im Jahr 2010 zehn Überschreitungstage hätten verhindert werden können (ebd.: 16-17).

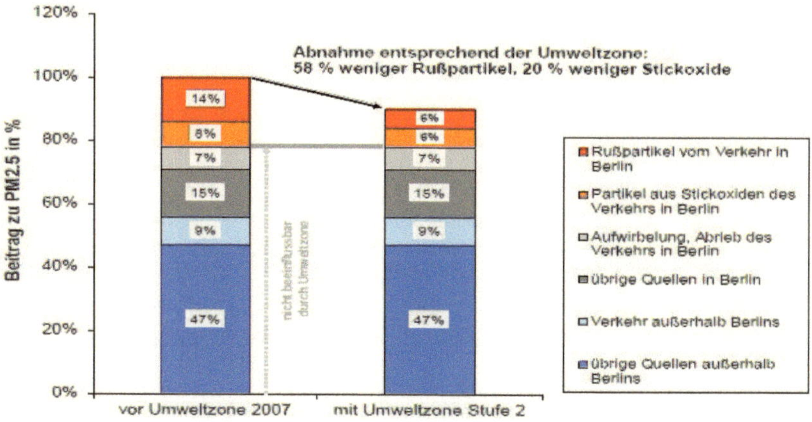

Abb. 3: Bewertung der Wirkung der Umweltzone auf die Luftqualität anhand der Veränderung des Verursacheranteils der Auspuffemissionen durch die Emissionsminderung der Umweltzone (Rauterberg-Wulff & Lutz 2011: 17).

Eine im Auftrag des Umweltbundesamtes von Diegmann et al. im Jahre 2006 durchgeführte Studie zeigte, dass Umweltzonen innerhalb der Verkehrsmaßnahmen den höchsten Einfluss auf die Reduzierung der Schadstoffemission besitzen. Abschätzungen demonstrierten, dass diese Maßnahme den Jahresmittelwert von PM_{10} um circa 10% senken konnten (Flohr 2010: 8). Dies würde bei einer 70-maligen Überschreitung des Tagesmittelwertes von 50 µg/m^3 zu einer Abnahme von 20 Tagen führen (Diegmann et al. 2007:178).
Die **Nachrüstung mit Partikelfiltern** bewirkt eine Reduktion der Partikelemission und kann im Gegensatz zu lokalen und kommunalen Maßnahmen auch die Hintergrundbelastung beeinflussen. Für die Anbringung scheinen am besten Fahrzeuge, die die Euro-2- und Euro-3-Norm erfüllen, geeignet zu sein. Laut den Prüfvorschriften soll die Nachrüstung mit Rußpartikelfiltern bei Diesel-Pkw und -Lkw eine Reduzierung der Partikelemission gewährleisten - für ersteres um bis zu 30% und für letztere um bis zu 90%.

Durch die Nachrüstung aller Euro-2- und Euro-3-Dieselfahrzeuge bis zum Ende des Jahres 2006 in Berlin ist die maximale Nachrüstungswirkung im Jahr 2007 erreicht worden. Anschließend nahm diese jedoch langsam ab. Dort wurde durch die Applikation der Filter im Jahre 2007 eine Senkung der Innerortsemission um 29% erreicht. Einhergehend mit einer Minderung der Hintergrundbelastung führte diese Maßnahme zu einer Abnahme des Jahresmittelwertes um circa 6%, was gleichzeitig einer zwölftägigen Verringerung der Tagesmittelwertüberschreitungen (50 µg/m^3) entsprach (Diegmann et al. 2007: 11).

Bislang sind **Wasserflächen** bei Untersuchungen zur Feinstaubreduzierung äußerst selten berücksichtigt worden. Die wohl einzige deutschsprachige Studie wurde von Endlicher et al. (2010) durchgeführt. Die Zielsetzung besteht in der Quantifizierung der PM_{10}-Aufnahme von verschiedenen innerstädtischen Oberflächentypen. Die Bestimmung wurde mittels der *Depositionsgeschwindigkeit*, die über die Antimon-Konzentrationen im PM_{10} und in der *trockenen* Deposition ermittelt wurde, ermöglicht.

Von Ende 2007 bis Mitte 2009 sind in Berlin und Karlsruhe sechs Messstationen untersucht worden (Endlicher et al. 2010: 3). Innerhalb diesen sind „Wasserflächen, Dachflächen, bewachsene Boden und Grün- oder Brachflächen, höherwüchsige, voluminöse Vegetation (verkehrsexponiert), Dach- und Wandbegrünungen (verkehrsexponiert) sowie Straßenschluchten mit und ohne Baumbewuchs" analysiert worden (ebd.: 30). Die zwei untersuchten Wasserstandorte waren als „an der Spree im Einflussbereich versiegelter Flächen, nicht verkehrsexponiert" charakterisiert (ebd.: 60).

Innerhalb der insgesamt vier nicht verkehrsexponierten Standorte sind nahezu identische *Depositionsgeschwindigkeiten* zwischen 0,4 cm/s und 0,5 cm/s gemessen worden. Demgegenüber lagen die *Depositionsgeschwindigkeiten* verkehrsexponierter Messpunkte mit einem Bereich von 0,8-1,3 cm/s höher (ebd.: 64-65). Aus diesen Messungen wird evident, dass sich nicht verkehrsexponierte Wasserflächen im Einflussbereich versiegelter Oberflächen und extensiv mit Vegetation besetzte Dachflächen hinsichtlich ihrer Depositionseigenschaften für PM_{10} nicht unterscheiden. Demnach hätte das Anbringen von Wasserflächen auf Flachdächern anstatt extensiver Begrünung keine Wirkung, weder auf die Deposition von PM_{10} noch auf die Konzentration (ebd.: 66).

Die vorgestellten Maßnahmen sind hinsichtlich ihrer staubreduzierenden Wirkung überwiegend isoliert betrachtet worden, bedingen sich in der Praxis jedoch zunehmend, sodass eine Addition i.d.R. nicht möglich ist. Zudem findet der Beschluss dieser Handlungen auf unterschiedlichen politischen Eben statt. Dies impliziert eine eventuelle langwierige Zeit bis zur Realisierung der Regelungen, die darüber hinaus auch von finanziellen Faktoren abhängig sind.
Im Endeffekt sind ausschließlich zwei der fünf vorgestellten Maßnahmen zur Bewältigung der Feinstaubsituation als effektiv einzustufen, weswegen eine Bevorzugung oder eine vermehrte Präsenz von Stadtgrün gegenüber diesen Maßnahmen durchaus sinnvoll scheint. Durch das Verkehrsteilnahmeverbot von stark emittierenden Fahrzeugen sowie die Nachrüstung mit Partikelfiltern werden die größten Senkungsleistungen erreicht, da direkt an der Quelle interveniert wird. Hierbei sollten Pflanzen als ergänzend angesehen und weniger ausschließend angesehen werden. Die Kombination dieser Variablen ist fähig, einen nennenswerten Beitrag zur Verbesserung der Luftqualität zu erzielen.

5. Fazit

Die in der vorliegenden Bachelorarbeit gewonnen Erkenntnisse zeigen das Potenzial der feinstaubreduzierenden Wirkung verschiedener Pflanzen trotz unterschiedlicher hoch ausfallender Ergebnisse. Die *Effektivität der Feinstaubfilterung von Stadtgrün* konnte nur ansatzweise herausgestellt werden, da zum einen geringe Filterungsleisten bestimmter Pflanzenarten hervorgebracht wurden und zum anderen gravierende Forschungslücken hinsichtlich der Parameter bestehen, die die Effektivität der Aufnahme beeinflussen. *Sedum* und *Viburnum rhytidophyllum* besaßen mit einem Wert von 1,4-9,8 kg PM_{10}, davon 1,0-8,8 kg $PM_{2,5}$ und 9,76 mg/cm² PM_{10}, davon 7,65 mg/cm² $PM_{2,5}$ die größten Bindungskapazitäten innerhalb des vielfältig untersuchten Pflanzenspektrums. Für die Partikelaufnahme von Blattober- und -unterseiten waren einerseits die

Fähigkeit, Staub zu akkumulieren oder selbst zu reinigen und anderseits die Dichte der Behaarung sowie die damit verbundene Rauigkeit zentral. Dazu ergänzend erwies sich die Klebrigkeit der Blattoberfläche durch Ausbildungen wie z.B. Honigtau oder Harz als zusätzlicher die Bindung verstärkender Parameter.

Bei Fragestellungen, die die Effektivität der Feinstaubfilterungen betreffen, sollte zu jedem Zeitpunkt die Fraktion berücksichtigt werden. Es besteht nämlich ein signifikanter Unterschied, ob UFP, $PM_{2,5}$, PM_{10} oder Grobstaub untersucht wird. *Acer platanoides* zeigte mit < 5% während der Vegetationsperiode eine geringe Filterleistung partikulärer Substanzen, jedoch resultiert dieser Befund aus dem hohen $PM_{2,5}$-Anteil in der PM_{10}-Fraktion. In Regionen wie dem Mittelmeerraum, bei dem gröbere Partikel einen höheren Anteil an der PM_{10}-Fraktion haben, würde das gleiche Exemplar eine höhe Reduzierung von Partikeln demonstrieren (Langner 2006: 125).

Die Bindung von UFP wurde in den untersuchten Texten nicht quantifiziert, sodass an dieser Stelle ein zentraler Forschungsbedarf besteht. Neben den $PM_{2,5}$ sind es vor allem diese Partikel, die die größte Variabilität aufweisen und der menschlichen Gesundheit am meisten Schaden zufügen. Aus biologisch-geographischer Sicht ist die Frage nach dem Anpassungsstil der Pflanzen, sprich *Akkumulierer* oder *Selbstreiniger* deutlich elementarer. Aktuell besteht keine eindeutige wissenschaftliche Position, die einem dieser beiden Strategien das bessere Bindungsvermögen bezeugt (Flohr 2011: 134). Hierzu sollten weitgehend Pflanzenarten, die ohnehin über ein hohes Staubfangvermögen besitzen, untersucht wurden, sodass effektivere Anhaltspunkte in der räumlichen Planung geschaffen werden.
Generell stellen fehlende Feldversuche ein Problem in der sich mit pflanzlichen Oberflächen zur Feinstaubbindung befassenden Literatur dar. An dieser Stelle sollten häufiger Versuche mit den gleichen Exemplaren unter Berücksichtigung neuer verschiedener Einflüsse wie z.B. Feinstäube verschiedener Herkunft, verschiedene Windstärken und Niederschlagseinflüsse durchgeführt werden, um genauere Erkenntnisse erzielen zu können. Beispielsweise zeigten die untersuchten Moospflanzen bei Frahm und Sabovljevic (2007) ein höheres Staubfangvermögen, während dieses bei Gorbachevskaya & Herfort (2012) nicht festzustellen war.

Nichtsdestotrotz kann der Fokus in der Bewältigung der mit Partikeln belasteten Luft nicht ausschließlich auf Pflanzen liegen. Ein signifikanter Verbesserungszustand ist aufgrund der komplexen Zusammensetzung der primären und sekundären Partikel sowie der zahlreichen bestehenden und sich weiter ausbreitenden Emittenten für diese einzige Lösung nicht zu erwarten. Die Feinstaubreduzierung durch Stadtgrün benötigt einen längeren Zeitraum und verläuft nicht exponentiell. Aus diesem Grund ist eine bedachte kollektive Kombination als Maßnahme anzustreben. Aus Umfragen wurde ersichtlich, dass Mitteleuropa und vor allem Deutschland über eine hohe Sensibilisierung gegenüber dem Thema Feinstaub verfügt (Schrefel & Hajszan 2005: 12). Dies begünstigt die Anbringung von unterschiedlichen Pflanzenbeständen, da sie nicht nur als Raumgestaltungsaspekt mit vielen Nebenwirkungen eine hohe Akzeptanz besitzen, sondern auch gegenüber den anderen thematisierten Maßnahmen kostengünstiger und wahrscheinlich tolerierter sind.

Im Hinblick auf die geringen bis fast nicht vorhandenen Minderungspotenziale der Wasserfläche sowie der Streusalzlösung, die zwar eine Abnahme des Tagesmittelwertes um 3 $\mu g/m^3$ bewirken kann, allerdings selbst umweltschädlich ist, sollten Pflanzen vorgezogen werden. Umweltzonen sowie Dieselpartikelfilter sind gegenüber den Pflanzen als effektivere Maßnahmen zur Feinstaubbekämpfung einzustufen, wobei die Wirkung von Ersterem seit der Einführung deutlich gesunken ist (Umweltbundesamt 2016b). Aufgrund dessen bewirkt eine Zusammenführung beider Variablen, sprich Grün in der Stadt und Verkehrstechnik eine höhere Reduzierung partikulärer Substanzen wie es auch bei Bäumen in Stadtwäldern (Quercus robur (Beckett et al. 2000)) der Fall ist. Diese besitzen einzeln betrachtet eine geringe Filterleistung, in der Summe (28 ha) besitzt dieser Bestand jedoch die Fähigkeit fast eine halbe Tonne von Partikeln (Totalgewicht) zu binden.

Die *Effektivität der Feinstaubfilterung von Stadtgrün* ist ein komplexes Wirkungsgefüge, das für die Zukunft gewinnbringend und nachhaltig weiter erforscht sowie fördernd ausgebaut werden muss, da die Luft immer mehr durch Staub verunreinigt wird und dies in einigen Jahrzehnten ein signifikanteres Problem provozieren wird.
Forschungswissenschaftliche Analysen konstatierten mehrfach und einander affirmierend, dass Stadtgrün als effektive und vor allem kostengünstigere Maßnahme neben anderen koexistieren muss und sich positiv auf die Feinstaubfilterung auswirkt. Es ist Ziel der Forschung, dieses Vorhaben weiter unterstützend und vor allem detaillierter zu analysieren, damit noch bestehende Forschungslücken endlich aufgearbeitet werden.

6. Literaturverzeichnis

Alfani, A.; Maisto, G.; Iovieno, P.; Rutigliano, F.A.; Bartoli, G. (1996): Leaf contamination by atmospheric pollutants as assessed by elemental analysis of leaf tissue, leaf surface deposit and soil. Journal of Plant Physiology 148 (1-2): 243-248.

Asendorpf, D. (2017): Hungrige Moose. Stuttgart will den Makel loswerden, die dreckigste Straße im Land zu haben. Jetzt schickt die Stadt Gärtner los. http://www.zeit.de/2017/07/stuttgarter-neckartor-luftverschmutzung-feinstaub-moos. [26.03.2017].

Beckett, K.P.; Freer-Smith, P.; Taylor, G. (2000): The capture of particulate pollution by trees at finve contrasting urban sites. In: Arboricultural Journal 24 (2-3): 209-230.

Bruse, M. (2003): Stadtgrün und Stadtklima. Wie sich Grünflächen auf das Mikroklima in Städten auswirken. In: LÖBF-Mitteilungen 28 (1): 66-70.

Diegmann V., Pfäfflin F., Wiegand G., Wursthorn H., Dünnebeil F., Helms H., Lambrecht U. (2006): Verkehrliche Maßnahmen zur Reduzierung von Feinstaub – Möglichkeiten und Minderungspotentiale. https://www.umweltbundesamt.de/publikationen/verkehrliche-massnahmen-zur-reduzierung-von.pdf [01.04.2017].

Diegmann, V.; Pfäfflin, F.; Wiegand, G. (2007): Maßnahmen zur Reduzierung von Feinstaub und Stickstoffdioxid. https://www.umweltbundesamt.de/sites/default/files/medien/515/publikationen/umid0411.pdf [01.04.2017].

Ehlers, A.; Braig, K. (2009): Kommunale Maßnahmen gegen Feinstaub – der praktische Umgang mit dem „Recht auf saubere Luft". In: Immissionsschutz: Zeitschrift für Luftreinhaltung, Lärmschutz, Anlagensicherheit, Abfallverwertung und Energienutzung o. A. (04): 170-177.

Endlicher, W.; Langner, M.; Dannenmeier, S.; Fiedler, A.; Herrmann, I.; Ohmer, T.; Dalter, D. (2011): Einfluss innerörtlicher Grünflächen und Wasserflächen auf die PM10-Belastung. Bergisch-Gladbach (= Berichte der Bundesanstalt für Straßenwesen V202).

EU (1999): Richtlinie 1999/30/EG des Rates vom 22. April 1999 über Grenzwerte für Schwefeldioxid, Stickstoffdioxid und Stickstoffoxide, Partikel und Blei in der Luft. – Amtsblatt der Europäischen Gemeinschaften L 163: 41-60. Deutsche Ausgabe

EU (2000): Richtlinie 2000/69/EG des Europäischen Parlaments und des Rates vom 16. November 2000 über Grenzwerte für Benzol und Kohlenmonoxid in der Luft. – Amtsblatt der Europäischen Gemeinschaften L 313: 12-21. Deutsche Ausgabe.

EU (2002): Richtlinie 2002/2/EG des Europäischen Parlaments und des Rates vom 12. Februar 2002 über den Ozongehalt der Luft. – Amtsblatt der Europäischen Gemeinschaften L 67: 14-30. Deutsche Ausgabe.

EU (2004): Richtlinie 2004/107/EG des Europäischen Parlamentes und des Rates über Arsen, Cadmium, Quecksilber, Nickel und polyzyklische aromatische Kohlenwasserstoffe in der Umgebungsluft. – Amtsblatt der Europäischen Gemeinschaften L 23: 1-14. Deutsche Ausgabe.

Europäische Umweltagentur (2016): Vorzeitige Todesfälle durch Luftverschmutzung. http://www.eea.europa.eu/de/pressroom/newsreleases/zahlreiche-europaeer-sind-immer-noch/vorzeitige-todesfaelle-durch-luftverschmutzung [19.03.2017].

Flohr, S.; Pfanz, H. (2007): Grundlagen der Staubfilterung durch Vegetation. In: Endlicher, W.; Gorbachevskaya, O.; Kappis, C.; Langner, M. (2007): Tagungsband zum Workshop über den wissenschaftlichen Erkenntnisstand über das Feinstaubfilterungspotenzial (qualitativ und quantitativ) von Pflanzen am 01. Juni 2007 in Berlin/Adlershof. Berlin (= Berliner Geographische Arbeiten 109): 27-32.

Flohr, S. (2010): Untersuchungen zum Fangvermögen von Mittel- und Feinstaub (PM10 und PM2.5) an ausgesuchten Pflanzenarten unter Berücksichtigung der morphologischen Beschaffenheit der Blatt und Achsenoberflächen und der Einwirkung von Staubauflagen auf die Lichtreaktion der Photosynthese. Duisburg & Essen.

Frahm, J.-P.; Sabovljevic, M. (2007): Feinstaubreduzierung durch Moose. In: Immissionsschutz: Zeitschrift für Luftreinhaltung, Lärmschutz, Anlagensicherheit, Abfallverwertung und Energienutzung o. A. (4): 152-156.

Frahm, J.-P. (2007): Die Feinstaubreduzierende Wirkung von Moosmatten. In: Endlicher, W.; Gorbachevskaya, O.; Kappis, C.; Langner, M. (2007): Tagungsband zum Workshop über den wissenschaftlichen Erkenntnisstand über das Feinstaubfilterungspotenzial (qualitativ und quantitativ) von Pflanzen am 01. Juni 2007 in Berlin/Adlershof. Berlin (= Berliner Geographische Arbeiten 109): 33-34.

Gorbachevskaya, O.; Herfort, S. (2012): Feinstaubbindungsvermögen der für Bauwerksbegrünung typischen Pflanzen. (Bericht) Berlin.

Harris, D.C. (2014): Lehrbuch der Quantitativen Analyse. 8., überarb. Aufl., Berlin.

Hausmann, Günther (2010): Einsatz von Straßenbewässerung im Winterdienst zur Minderung der PM10-Belastung. Bremerhaven (= Forschung, Straßenbau und Straßenverkehrstechnik 1036).

Kappis C.; Gorbachevskaya O.; Valbuena R.; Schreiter H.; Bergsträßer A. (2007): Studie zum wissenschaftlichen Erkenntnisstand über das Feinstaubfilterungspotential (qualitativ und quantitativ) von Pflanzen. Forschungsprojekt Nr. 06HS021. Aktenzeichen 514-33.40/06HS021. Berlin.

Koch, T.; Spieth, P.M. (2007): Gesundheitsrisiken inhalierter Partikel. In: Nanowelt - Wissenschaftliche Zeitschrift der Technischen Universität Dresden 56 (1-2): 142-147.

Kolar, Jürgen (1990): Stickstoffoxide und Luftreinhaltung. Grundlagen, Emission, Transmission, Immissionen, Wirkungen. Berlin.

Kretzler, M. (2007): Erfahrungen mit der City-Maut in Europa: Ökonomische Analyse und Übertragbarkeit der Ergebnisse auf andere Städte am Beispiel Hamburg. (Diplomarbeit) Hamburg.

Lahl, U; Steven, W. (2005): Feinstaub - eine gesundheitspolitische Herausforderung. In: Auditorium maximum – Pneumologie: 4 (59): 704-714.

Langner, M. (2006): Exponierter innerstädtischer Spitzahorn (Acer platanoides) – eine effiziente Senke für PM_{10}? Karlsruhe (= Karlsruher Schriften zur Geographie und Geoökologie 21).

Matzarakis, A. (2008): Klimawandel und Städte – Stadtklimatischer Einfluss von Bäumen. Osnabrücker Baumpflegetage – Aktiv für Bäume. 30. Sept. und 1. Okt. 2008. III, 1-24.

Rauterberg-Wulff, A.; Lutz, M. (2011): Wirkungsuntersuchungen zur Umweltzone Berlin. In: UMID: Umwelt und Mensch – Informationsdienst o. A. (4): 11-18.

Schönwiese, C. (2013): Klimatologie. 4. überarb., Aufl., Stuttgart.

Schrefel, C.; Hajszan, R. (2005): Erfahrungen mit PM10 – Reduktionsmaßnahmen in Europa. Recherche von Aktionsplänen. Fragebogenerhebungen. Wien.

Sempel, F.; Gorbachevskaya, O.; Mewis, I.; Ulrichs, C. (2013): Modellversuch zur Feinstaubbindung: extensive Dachbegrünung vs. Schotterdach. In: Gesunde Pflanzen (65) 3: 113-118.

Thönnessen, M. (2002): Elementdynamik in fassadenbegrünendem Wilden Wein (*Parthenocissus tricuspidata*). Nährelemente, Anorganische Schadstoffe, Platin-Gruppen-Elemente, Filterleistung, Immissionshistorische Aspekte, Methodische Neu und Weiterentwicklungen (= Kölner Geographische Arbeiten 78).

Umweltbundesamt (Hg.) (2014): Luftreinhaltung in der EU. https://www.umweltbundesamt.de/themen/luft/regelungen-strategien/luftreinhaltung-in-der-eu#textpart-1 [20.03.2017].

Umweltbundesamt (Hg.) (2016a): Feinstaub-Belastung. https://www.umweltbundesamt.de/daten/luftbelastung/feinstaub-belastung#textpart-1 [24.03.2017].

Umweltbundesamt (Hg.) (2016b): Umweltzonen in Deutschland. https://www.umweltbundesamt.de/themen/luft/luftschadstoffe/feinstaub/umweltzonen-in-deutschland#textpart-1 [26.03.2017].

Wichmann, H. E.; Grote, V.; Peters, A.; Heinrich, J. (2002): Gesundheitliche Wirkungen von Feinstaub: Epidemiologie der Langzeiteffekte. In: Umweltmed. Forsch. Prax. 7 (2): 91-99.

Wichmann, H.E. (2008): Schützen Umweltzonen unsere Gesundheit oder sind sie unwirksam? In: Umweltmed. Forsch. Prax. 13 (1): 7-10.

Wolf-Benning, U. (2006): Kleinräumige und zeitliche Variabilität von Feinstaub und Grobstaub sowie Stickstoffdioxid in Berlin. Berlin (= Berliner Geographische Arbeiten 105).